JEANETTE PRZYGODA

AN LOCKERER
—— LEINE

Der leichte Weg zum leinenführigen Hund

KOSMOS

INHALT

4	Zu diesem Buch	30	Erfahrungsbericht: Wir schaffen das!
6	**Training vorbereiten**	32	**Übung 2: Weg abschneiden – territorial begrenzen**
8	**Den Hund vorbereiten**	32	Aufbau der Übung
9	Interesse am Menschen steigern	34	Mögliche Reaktionen des Hundes
11	**Materialauswahl und Trainingsort**	38	**Übung 3: Stoppen und entspanntes Stehen**
11	Trainings- und Freizeitmodus	38	Aufbau der Übung
12	Zwei-Meter-Leine	40	Worauf man achten sollte
14	Trainingsort auswählen	41	Mögliche Reaktionen des Hundes
18	**Der Weg zum leinenführigen Hund**	43	**Eine gerade Strecke zurücklegen**
21	**Übung 1: Aufmerksamkeit**	44	**Bei Fuß**
21	Aufbau der Übung	44	Hör- und Sichtzeichen etablieren
23	Worauf geachtet werden sollte	44	Seitenwechsel
27	Anzeichen von Stress	49	Fuß gehen ohne Leine
28	Mögliche Reaktionen des Hundes		

50	**Erfahrungsbericht: Emma, mach mal langsam!**	76	**Friedlich an der Leine**
52	Verleitungen einbauen	79	**Warum angeleinte Hunde aggressiv reagieren**
53	**Zusatzelemente**	79	Stress an der Leine
53	Rückwärts gehen		
54	Umkreisen	84	**Erste Hilfe bei unerwarteten Begegnungen**
55	Tempowechsel	84	Hundehalter bitten, ihren Hund anzuleinen
56	**Tipps für den Alltag**	86	Distanz vergrößern
56	Hindernisse nutzen	86	Ablenken und umlenken
57	Slalom	87	Augen zu und durch
58	Stehen bleiben		
58	Der Start ist entscheidend	89	**Training bei Leinenaggression**
60	Verhalten des Menschen	89	So bitte nicht!
		90	Der Mensch trägt die Verantwortung
63	**Zwei, drei oder vier Hunde an der Leine**	91	Ganzheitliche Herangehensweise
63	Einzeln trainieren, dann zu zweit	92	Training in ruhigen Situationen
64	Drei und mehr Hunde	96	**Erfahrungsbericht: Wer geht mit wem spazieren?**
67	**Gründe fürs Ziehen**	98	Training in schwierigen Situationen
67	Anderes Tempo	100	Wann korrigieren?
67	Ziehen lohnt sich		
68	Starke Erregung	102	**Zum Schluss**
71	Verantwortung übernehmen	102	Belohnungs-Leckerchen
73	Schlichte Ignoranz	102	Kinder und Leinenführigkeit
		104	**Service**
		106	Zum Weiterlesen
		108	Nützliche Adressen
		109	Dank
		110	Register
		112	Impressum

Zu diesem Buch

Wer führt – und wer folgt? Um nichts anderes geht es auf dem Weg zum leinenführigen Hund.
Es gibt viele verschiedene Möglichkeiten, dem Hund das „ordentliche Gehen" an der Leine beizubringen. Vermutlich haben Sie einige davon schon ausprobiert – mehr oder weniger erfolgreich. Dabei ist der Erfolg natürlich von vielen Faktoren abhängig: Wie oft geübt wird, wie konsequent man dabei ist, welche Persönlichkeit der Mensch und der Hund haben, wie das Trainingsumfeld aussieht, aber auch welche „Methode" gewählt wird.

Probieren Sie gerne verschiedene Techniken aus, um herauszufinden, was für Sie und Ihren Hund passt. Ich möchte Ihnen in diesem Buch meine Art des Leinenführigkeitstraining näherbringen und erklären, warum ich es für sinnvoll und effektiv halte.
Für mich ist das Training zum leinenführigen Hund eine körpersprachliche „Diskussion" ums Führen und Folgen. Keine reine Konditionierung, keine „Leckerchen-Übung", erst recht keine Gewalteinwirkung oder Schmerzzufügung. Körpersprachliche Signale, die der Kommunikation unter Hunden entlehnt sind,

1. Erst aufmerksam an lockerer Leine …
2. … dann ausgelassen im Freilauf mit anderen Hunden.

werden eingesetzt, um den Hund dazu zu bringen, sich am Menschen zu orientieren. Ohne extra Kommando. Ziel ist es, weniger nach Ihrem Hund schauen zu müssen, weil er Sie im Blick behält. Wenn Sie schneller werden, wird Ihr Hund es automatisch auch. Sie bleiben stehen, Ihr Hund auch. Die Vorteile: Erstens, „blinde" Verständigung über eine nonverbale Kommunikation. Zweites, ein aufmerksamer Hund. Drittens, die Leine als Deko. Diese benötigen Sie kaum, um auf Ihren Hund einzuwirken. Dementsprechend funktioniert das Ganze auch, wenn Ihr Hund ohne Leine „bei Fuß" läuft.

Wie gesagt, der Erfolg des Trainings hängt von vielen verschiedenen Faktoren ab. Mit einigen Hunden und Trainingsumständen wird es sehr schnell deutliche Fortschritte geben, bei anderen Mensch-Hund-Teams ist anhaltende Konsequenz gefragt. Sie profitieren jedoch immer von dieser Technik, denn Sie lernen Ihren Hund besser kennen und können sich ihm gegenüber klarer ausdrücken.

Viel Spaß, Ihre

Jeanette Przygoda

TRAINING

VORBEREITEN

Den Hund vorbereiten

Bevor es losgeht, sollten ein paar Dinge überlegt und vorbereitet werden, damit das Training möglichst erfolgreich verläuft. Dabei kommt es nicht nur auf die Auswahl von Halsband oder Brustgeschirr an, sondern auch, wo bzw. wann Sie trainieren und welche Einstellung Ihr Hund zur Leine hat!

Die zeitaufwendigste Vorbereitung betrifft Ihren Hund. Vermutlich freut er sich, sobald Sie zu Halsband oder Leine greifen und kann es kaum erwarten, nach draußen zu stürmen. Mir geht es hier aber eher darum, herauszufinden, was Ihr Hund mit dem Angeleintsein verbindet. Häufig ist das Anleinen beim Losgehen für einen Hund beispielsweise ein Zeichen dafür, dass es möglichst schnell zu seinen Hundekumpels geht oder dass er den spannenden Gerüchen am Wegesrand folgen darf (in beiden Fällen zieht der Hund seinen Menschen dorthin). Das Anleinen nach dem Freilauf hat für Hunde häufig den „Spielverderber-Charakter", weil es jetzt weitergeht und die tolle (Freilauf-)Zeit vorbei ist. Das heißt, dass Ihr Hund eigentlich immer mit dem „Klick" des Karabiners beim Anleinen sein Interesse auf andere, externe Dinge und von Ihnen weg lenkt. Sie sind dann meistens nur noch „das andere Ende der Leine", kommen aber nicht mehr in den Genuss seiner Aufmerksamkeit. Unter diesen Umständen ist es natürlich schwierig, seinem Hund etwas beizubringen. Deshalb ist es mir wichtig, dass Ihr Hund ein gutes Gefühl und Interesse an Ihnen hat, wenn Sie nach der Leine greifen. Das erreichen Sie ganz einfach, wenn es auch etwas ungewöhnlich scheint.

INTERESSE AM MENSCHEN STEIGERN

Überlegen Sie, was Ihr Hund toll findet, woran er Spaß hat, und was er mit Ihnen gemeinsam tun kann. Genau das bieten Sie ihm an, aber immer nur an der Leine.

1.
Ganz konkret heißt das, dass Sie beispielsweise sein Lieblingsspielzeug hervorholen, Ihren Hund anleinen, und mit ihm spielen. Sobald das Spiel beendet ist, ist auch die Leine wieder ab.

2.
Oder Sie leinen ihn zur Kuschelstunde an. Oder Sie füttern ihn, während er Halsband und Leine trägt. Machen Sie solche „Übungen" ruhig möglichst oft über den Tag verteilt.

3.
Üben Sie auch draußen. Mitten aus dem Freilauf rufen Sie Ihren Hund, leinen ihn an und machen etwas Schönes mit ihm. Ob das Futterspiele, Apportierübungen oder Tricks sind, hängt von den Vorlieben Ihres Hundes ab. Viel Spaß dabei!

Ergebnis: Was Sie damit erreichen, ist ein gesteigertes Interesse an Ihnen. Wenn Sie das nächste Mal zur Leine greifen, ist Ihr Hund aufmerksamer und interessierter, wenn er angeleint wird. Dann haben Sie die besten Voraussetzungen für ein erfolgreiches Leinentraining.

TRAININGS- UND FREIZEIT-MODUS

Wird der Hund am Halsband geführt, soll er seinen Menschen auf Kniehöhe begleiten. Im Freilauf oder an der Schleppleine kann sein Bewegungsradius größer werden.

Materialauswahl und Trainingsort

Ob Halsband oder Brustgeschirr für das Leinentraining Verwendung finden sollten, hängt in erster Linie vom „spontanen Aktivitätspotenzial" Ihres Hundes ab.

Wenn Ihr Hund relativ unvermittelt und häufig wie ein Flummi von rechts nach links läuft und in die Leine springt, dann empfehle ich ein Brustgeschirr. Ein Halsband würde in diesem Fall schneller zu Verletzungen führen. Für die etwas gemäßigter aktiven Hunde empfehle ich ein Halsband. Ein breites, eng anliegendes Halsband, weil es Verletzungen vermindert und für den Hund angenehm zu tragen ist. Apropos angenehm: Leder, Nylon und andere stoffliche Materialien erfüllen dieses Kriterium, Ketten nicht. Für Hunde, die noch nicht (ausreichend) an ein Halsband gewöhnt sind, sollte sich dieses zudem schnell und einfach öffnen und schließen lassen. Zu langes Herumhantieren finden viele Hunde blöd.

TRAININGS- UND FREIZEITMODUS
In den Übungspausen ist Ihr Hund entweder im Freilauf, oder, wenn das nicht möglich ist, an einer Schleppleine. Diese sollte dann allerdings nicht an der gleichen Öse eingehakt werden, wie die Trainingsleine. Optimal ist es, wenn der Hund vorübergehend sowohl Halsband als auch Brustgeschirr trägt. So lernt er, dass „Leine am Halsband" Trainingsmodus und damit Leinenführigkeit bedeutet. „Leine am Brustgeschirr" ist dagegen der „Freizeit-Modus", indem sich der Hund nicht auf Kniehöhe des Menschen befinden und sich dessen Tempo konstant anpassen soll. Am Brustgeschirr kann er seinen Interessen nachgehen. Dies ermöglicht die Beibehaltung der erarbeiteten Leinenführigkeit.

TRAINING VORBEREITEN

1

2

3

Behält man das konsequent bei, erkennt der Hund den roten Faden. Er weiß, wann welche Aufmerksamkeit von ihm gefordert ist und muss deshalb nicht jeden Tag aufs Neue ausprobieren, welche Regel heute gilt. Lässt man seinen Hund zwischendurch auch mal am Halsband ziehen, ist die Regel nicht mehr klar. Folglich kann sich der Hund auch nicht daran halten und wird wieder vermehrt die Leine auf Spannung bringen oder quer vor die Füße laufen.

ZWEI-METER-LEINE

Was die Leine angeht, reichen ganz pauschal gesprochen zwei Meter Länge vollkommen aus. Das ist natürlich von der Größe des Hundes abhängig und von der Individualdistanz, die er zu Ihnen hält. Nicht jeder Hund möchte ganz eng am Bein gehen, manche bevorzugen einen gewissen Abstand, das ist auch völlig in Ordnung so. Das Material ist Geschmackssache. Wichtig finde ich, dass die Leine angenehm in der Hand liegt, dass sie nicht einschneidet (falls doch mal mehr Zug als gewollt auf die Leine kommt), und dass sie mit ihrem Karabiner (für Mensch oder Hund) nicht allzu schwer ist. Leder gibt etwas nach, wenn Spannung auf die Leine kommt, benötigt aber etwas mehr Pflege. Leinen aus BioThane geben zwar nicht nach, nehmen dafür

> **TIPP**
> Vorsicht bei der Verwendung von Rollleinen. Bei ihnen lernt der Hund, dass sich sein Aktionsraum vergrößert, je mehr er an der Leine zieht.

MATERIALAUSWAHL UND TRAININGSORT

aber kein Wasser auf. Sie werden also bei Nässe nicht schwer und sind auch ganz schnell wieder sauber, wenn man sie kurz abspült. So hat jedes Material seine Vor- und Nachteile. Probieren Sie einfach aus, was sich gut und richtig für Sie anfühlt.

Mehr als Ihren Hund, Halsband, Brustgeschirr und (Schlepp-)Leine benötigen Sie nicht fürs Training. Für die Pausen können Sie aber gerne etwas zum Spielen mitnehmen, oder eine Decke für Sie beide zum Kuscheln und Ausruhen.

1. Eine Auswahl an Leinen. Die Rollleine eignet sich nicht fürs Training.

2. Das Brustgeschirr sollte bequem sitzen.

3. Das Halsband sollte breit und gut zu verschnallen sein.

Ist der Trainingsort zu aufregend und spannend, wird der Hund auf das Brustgeschirr „umgeschnallt".

TRAININGSORT AUSWÄHLEN

Mit dem „Bei-Fuß-Gehen" an der Leine ist es wie mit allem anderen auch. Es lernt sich leichter in einer ablenkungsfreien Umgebung. Ist das Prinzip verstanden und sind Mensch und Hund schon etwas aufeinander eingespielt, kann nach und nach mehr Ablenkung im Umfeld auftreten. Für den Start eignen sich größere, geteerte Flächen. Zum Beispiel ein leerer Supermarktparkplatz, ein Wendehammer, eine leere Fläche im Industriegebiet. Hier riecht es für Hunde meistens nicht ganz so spannend wie auf einer Wiese. Außerdem gibt die Fläche dem Menschen die Möglichkeit, in alle Richtungen zu gehen, um dadurch den Hund immer wieder zu überraschen. Bewegt man sich auf einem Weg, weiß er natürlich schnell, in welche Richtung es geht. Das erschwert die Übungen im ersten Schritt. Zu einem späteren Trainingszeitpunkt sind genau solche Schwierigkeitssteigerungen gefragt.

Von langweiligen Orten zu spannenderen

Überlegen Sie also, welcher Ort für Ihren Hund am wenigsten interessant ist, er ist für den Anfang ideal. Je besser das Training läuft, desto schwieriger darf das Umfeld werden. Versuchen Sie Trainingsorte zu wählen, die eine langsame und schrittweise Steigerung ermöglichen.
Ein Beispiel: Man beginnt im abgelegenen Wendehammer eines Industriegebiets (am Wochenende), die nächsten Trainingseinheiten finden in einer ruhigen Nebenstraße eines Wohngebiets statt. Danach trainiert man auf einer Wiese, auf der niemand ist. Klappt das gut, können dann auch andere Menschen oder Hunde mit gewissem Abstand zu sehen sein. Geht auch das, nähert man sich Hauptverkehrsstraßen oder Orten mit viele Menschen/Hunden (je nachdem, was den Hund mehr ablenkt).

1. Für jeden Hund bedeutet Ablenkung etwas anderes.

2. Der junge Golden kann es kaum abwarten, bis er ins Wasser darf.

3. Für andere Hunde sind Artgenossen eine große Herausforderung.

SCHWIERIGKEIT LANGSAM STEIGERN

Bis ein Hund auch in ablenkungsreichem Umfeld entspannt an lockerer Leine gehen kann, ist viel Training und Vorarbeit an „leichteren Orten" nötig.

»Ein langer Weg beginnt mit dem ersten Schritt.«

Laotse
Chines. Denker ca. 600 v. Chr.

DER WEG ZUM LEINENFÜHRIGEN HUND

BEGRÜSSUNGSRITUALE

Hunde sollten von klein an lernen, dass sie nicht einfach auf andere Hunde und Menschen zurasen dürfen. Stattdessen abwarten, bis die Leine locker ist und Blickkontakt besteht.

Übung 1: Aufmerksamkeit

Sich ergänzende und aufeinander aufbauende Trainingsschritte, gepaart mit Ausdauer und Konsequenz, führen zum Ziel „leinenführiger Hund"!

Es gelingt nur, einem Hund etwas beizubringen, wenn er aufmerksam, im besten Fall kooperationsbereit ist. Doch an der Aufmerksamkeit mangelt es häufig. Die Welt da draußen ist einfach zu spannend für Hunde. Neben der Wahl des geeigneten Trainingsortes sorgt folgende Übung dafür, die Aufmerksamkeit des Hundes zu erlangen. Letztendlich schlägt der Mensch seinen Hund mit dessen eigenen Mitteln, indem er sein Verhalten an der Leine kopiert. Der Mensch macht also einfach „sein Ding", während er seinen Hund an der Leine führt. Er wechselt die Richtung und das Tempo, wenn er es möchte, und passt sich somit nicht seinem Hund an. Konkret sieht das folgendermaßen aus:

AUFBAU DER ÜBUNG

Hund anleinen und in eine gute Ausgangsposition bringen. Diese ist erreicht, wenn sich der Hund an lockerer Leine neben oder leicht hinter seinem Menschen befindet. Der Mensch hält das Ende der Leine fest und verlagert sein Körpergewicht auf das Bein, das sich näher am Hund befindet. Dadurch, dass man „einen Schritt" auf den Hund zugeht, fühlt er sich automatisch angesprochen, weil er weiß, dass er gemeint ist. Unterstützen kann man diese Aktion mit einer kurzen und freundlichen Ansprache, dann geht es los. Ob sich der Hund an Ihrer rechten oder linken Seite aufhält oder sogar wechselt, ist in diesem Stadium egal.

1. Beim Losgehen wird der Hund angesprochen und aufgefordert mitzukommen.
2. Sofort danach gibt der Mensch die Richtung vor, in die es weitergeht. Und das Tempo auch.

Richtungswechsel

In einem moderaten Tempo ändert man alle zwei bis drei Schritte die Richtung. Und zwar ohne dem Hund vorher Bescheid zu sagen! Das wird dazu führen, dass sich der Hund ein wenig wundert, was nun mit seinem Menschen los ist. Schließlich läuft dieser sonst auch nicht im Zickzack über einen Platz.

Ob er sich nun wundert, aber bereitwillig hinterhertrottet, oder ob er es unmöglich findet, wie dreist sich sein Mensch verhält: Die Aufmerksamkeit des Hundes ist Ihnen gewiss! Jetzt muss nur noch Tempo, Richtung und Timing der jeweiligen Hundementalität angepasst werden, damit das Training erfolgreich ist. Bei unsicheren Hunden geht man vorsichtiger und weniger zackig vor, als nun beschrieben:

Zackige Ausführung

Die Richtungswechsel sollten maximal im 45-Grad-Winkel erfolgen, besser noch enger. Außerdem sollten sie zackig ausgeführt werden. Auch wenn das Grundtempo eher langsam ist, erfolgen die Richtungswechsel sehr dynamisch und plötzlich. Hunde reagieren nämlich gut auf Dynamik und Bewegung, das kann man wunderbar ausnutzen. Geht man eher runde Kurven in S-Form, schaltet der Hund schnell wieder ab und beschäftigt sich mit seiner Umwelt. Oder es besteht die Gefahr, dass er an der Leine „longiert" wird. Ob der Richtungswechsel vom Hund weg oder zu ihm hin eingeleitet wird, spielt hier noch keine Rolle.

Pausen

Nur so lange in Bewegung bleiben, bis eine positive Veränderung feststellbar ist. Das heißt, bis man merkt, dass der Hund deutlich aufmerksamer ist als vor der Übung. Im Idealfall macht er einige bis alle Richtungswechsel mit, sodass die Leine gar nicht mehr gespannt ist. Schon eine Tendenz in die Richtung reicht aus, um eine Pause zu machen! Länger als drei bis fünf Minuten sollte diese Einheit nicht dauern.

WORAUF GEACHTET WERDEN SOLLTE

Der Mensch ist aktiv

Auf „prophylaktische Richtungswechsel" kommt es an. Das heißt, dass man nicht warten sollte, bis der Hund überholt und damit den Menschen zu einer Reaktion (Richtungswechsel) zwingt. Stattdessen unterstellen wir Hunden bei dieser Übung, dass sie bei der nächsten Gelegenheit überholen möchten, weshalb der Mensch durch die spontanen und frühen Richtungswechsel dem Hund gar keine Gelegenheit gibt, vor ihn zu kommen. Der Mensch ist also sehr aktiv, er agiert anstatt zu re-agieren!

Aufmerksam und an lockerer Leine folgt der Hund seinem Menschen.

Konstante Leinenlänge

Legen Sie bitte Ihr Augenmerk auf die Leine bzw. Leinenlänge. Natürlich ist das Ziel, dass der Hund nah neben Ihnen herlaufen soll. Deshalb ist es sehr verlockend, die Leine entsprechend kurz zu nehmen. Ist die Leine kurz, hat das jedoch zwei Nachteile: Zum einen möchte man erreichen, dass der Hund durch die fehlende Leinenspannung dazu gebracht wird, auf seinen Menschen zu achten. Wenn der Zweibeiner die Leine nun verkürzt, ist die Spannung schnell wieder vorhanden. Zum anderen nimmt man dem Hund durch die kurze Leine jegliche Chance zu reagieren und damit auch die Möglichkeit auf eine entspannte Leinenführigkeit. Nehmen wir einmal an, Ihr Hund möchte Ihnen bereitwillig folgen und sich Ihrem Tempo anpassen. Jetzt gehen Sie mit kurzer Leine nach links und ziehen ihn automatisch mit. Hätte Ihr Hund ein bisschen mehr Leine gehabt, hätte er die Möglichkeit zu entscheiden, ob er folgen möchte, – und hätte es ganz ohne Leinengeruckel tun können.

Beginnen Sie also mit einer eher zu langen Leine und versuchen Sie, die Leine beim Zickzacklaufen nicht „heimlich" zu verkürzen. Viele Menschen verkürzen die Leine, indem sie den Arm zurücknehmen, damit der Hund nicht vorlaufen (und an der Leine ziehen) kann. Das passiert meist unbewusst, ist aber genauso kontraproduktiv wie das Losgehen an kurzer Leine. Es hilft meistens, wenn man ganz bewusst das Ende der Leine in beide Hände nimmt und starr in einer körpernahen Position hält. Dann fallen einem auch die Momente auf, in denen man nachfassen würde. Wie gesagt, es ist nicht

In den Pausen kann gespielt werden – auch an der Leine! Diese sollte jedoch locker bleiben.

ÜBUNG 1: AUFMERKSAMKEIT

1. Der ideale Start: Der Hund sollte in geeigneter Position sein, die Leine frei hängend, der Mensch mental auf das Training eingestellt.
2. Dann sind auch die nächsten Schritte viel erfolgreicher, als wenn man im „Chaos" starten würde.

schlimm, wenn der Hund versucht zu überholen. Nur spätestens dann sollte der Mensch die Richtung ändern und in der aktiven Rolle bleiben.

Pausen machen!
Das ungewohnte Training ist sehr anstrengend für Hunde. Nicht körperlich, aber mental. Denn der Mensch verhält sich anders als gewohnt. Manche Hunde sind sehr tolerant, bei ihnen dürfen sich Menschen viel erlauben.

Andere geraten ziemlich schnell aus dem Häuschen. Auf jeden Fall rattert es ganz schön im Hundekopf, all das muss verarbeitet werden. Pause bedeutet tatsächlich nichts zu tun. Das heißt, an der Leine etwa auf das Brustgeschirr umschnallen und dem Hund die Möglichkeit zur Entspannung bieten.
Oder den Hund in den Freilauf zu entlassen und ein paar Schritte mit ihm zu gehen. Oder sich einfach nur gemeinsam auf den Boden setzen und nichts tun.

Die Körpersprache des Hundes

Achten Sie auf die Körpersprache des Hundes. Sie gibt Aufschluss darüber, ob Ihr Hund gedanklich bei Ihnen ist und wie gestresst er auf die Situation reagiert. Somit geben die Körpersprache und das Verhalten auch Ansätze, wann es Zeit für eine Pause ist. Zugegeben, das ist ein schwieriger Punkt! Schafft man es nämlich, prophylaktische Richtungswechsel zu machen und sich dadurch nicht von seinem Hund überholen zu lassen, dann läuft der Hund neben oder hinter einem. Und dort kann man natürlich schlecht auf die Körpersprache achten. Ist man jedoch schon ein bisschen geübter, findet man immer mal wieder eine kurze Gelegenheit auf seinen Hund zu schauen und die wichtigsten Signale zu erkennen. Sie haben einen zweibeinigen Trainingspartner? Perfekt! Von außen kann man alles viel besser beobachten und schneller Veränderungen im Verhalten und in der Körpersprache erkennen. Lassen Sie sich berichten, was Ihr Hund gerade tut. Dafür sollte er das Geschehen von außen betrachten und nicht nebenher laufen. Am besten filmt er Sie bei Ihrer Übungseinheit sogar. Dann können Sie selbst sehen, welche Aktion Ihrerseits zu welcher Re-Aktion beim Hund geführt hat.

Körpersprachliche Details

Auf welche körpersprachlichen Details geachtet werden sollte: Wohin schaut Ihr Hund überwiegend? Zu Beginn der Übung ist der Vierbeiner meistens extern orientiert und schaut und schnüffelt in der Gegend herum. Nach einigen Richtungswechseln verändert sich jedoch meistens seine Blickrichtung. Nun schaut er häufiger zum Menschen, er ist also eher intern orientiert, mit Ihnen beschäftigt. Damit einher geht meistens auch, dass der Hund bereitwilliger die Richtungswechsel mitmacht, sodass die Leine nicht mehr oder nur ganz schwach auf Spannung gerät.
Die „Straffheit" der Leine und die Blickrichtung des Hundes sind die zwei deutlichsten Anzeichen, auf die man achten kann.

ANZEICHEN VON STRESS

Wenn Hunde Stress entwickeln, sieht man ihnen das durch zahlreiche „Kleinigkeiten" an. Ein gewisses Ausmaß an Stress ist normal, gesund und gehört zum Leben dazu. Es kommt also auf die Ausprägung und Häufigkeit an! Treten sie vermehrt auf, ist es Zeit für eine Pause!

1.
Gähnen und Hecheln kennt jeder. Hunde schütteln sich aber auch, um Stress abzubauen.

2.
Hunde kratzen sich, wenn sie nicht genau wissen, wie sie reagieren sollen. Kratzen ist eine Übersprungshandlung.

3.
Beim Züngeln wird die Zungenspitze kurz herausgeschoben. Und zwar vorn an der „Schnauzenspitze". Oft geht die Zunge dabei auch über die Nase (ganz oder teilweise). Wenn man darauf achtet, kann man das Züngeln in vielen verschiedenen Situationen beobachten. Den Situationen ist gemein, dass sie alle mit mehr oder weniger viel Stress verbunden sind.

Wenn im Training alles gut läuft, ist es Zeit für eine Pause, besonders bei jungen Hunden.

MÖGLICHE REAKTIONEN DES HUNDES

Folgen

Im besten Fall läuft der Hund einfach seinem Menschen hinterher. Das fühlt sich für den Zweibeiner dann so an, als ob er lediglich mit der Leine spazieren gehen würde, weil er seinen Hund daran gar nicht spürt. Wenn Sie jetzt schon diesen Zustand erreicht haben: Herzlichen Glückwunsch! Probieren Sie es beim nächsten Mal in einem etwas ablenkungsintensiveren Umfeld.

Sitzstreik

Der Hund setzt sich und „streikt". Das passiert meistens bei sehr jungen Hunden oder bei besonders ausgefuchsten, die mit dieser Strategie in der Regel schon mal Erfolg hatten (und sei es nur die Aufmerksamkeit beim Bitten und Betteln der Zweibeiner, endlich weiterzugehen). Bei sehr jungen Hunden, insbesondere Welpen, ist es üblich und normal, sich nicht so weit von der Sicherheitszone wie Wohnung, Haus und Auto wegzubewegen. Ganz junge Hunde gehen nicht gerne spazieren, zumindest nicht,

wenn sie sich eigenständig von der „Höhle" wegbewegen sollen. Hilfreich kann es sein, in die Hocke zu gehen und seinen Hund zu locken. Sobald er läuft, setzt man sich auch wieder in Bewegung und kann gerne aufmunternd seinen Welpen ansprechen. Eine weitere Möglichkeit ist es, an einen entfernteren Ort zu fahren, um dort mit dem Hund zu üben. Außerdem sollte die Trainingszeit stark verkürzt werden.

Auch der erwachsene Hund kann gelockt werden. Aber bitte nicht zum Privat-Animateur werden. Sonst erlebt der Hund, dass die ganze Aufmerksamkeit und Action dann beginnt, wenn der Po am Boden klebt. Wenn schon menschliches Gequatsche, dann lieber während der Hund in Bewegung ist und gut mitmacht. Sitzt er wieder, kann man versuchen, etwas an der Leine zu ziehen. Aber bitte nicht ruckartig, sondern mit einem gleichmäßigen, langen Zug. In der Regel läuft der Hund nach einer kurzen Widerstandsphase (drei bis fünf Sekunden) hinterher.

1. Auch an der Leine sollte der Hund entspannte Phasen erleben.

2. Ein „Sitzstreik" ist im Welpenalter ganz normal.

Wir schaffen das!
Nicole mit Arjen

Willkommen, Arjen!

Unser Arjen – ein weißes, niedliches Hundebaby, das so viel Spaß daran hat alles zu jagen, was sich bewegt. Wir unterstützten ihn bei der „Welterkundung". Er durfte an Allem schnuppern, ob mit oder ohne Leine.

Hör auf zu ziehen, Arjen!

Arjen ist jetzt 1½ Jahre und schnuppert und jagt immer noch gerne. Hinzu kommt, dass er keine Rüden mehr mag und manche Menschen als „Bedrohung" empfindet. Jetzt ziehen 25 Kilo an der Leine. Er fängt schon früh an, die „Gefahr" zu fixieren, die Nackenhaare richten sich auf, er knurrt und fletscht die Zähne. Er lässt sich nicht mehr ansprechen und der einzige Ausweg ist, ihn wegzuziehen. Ziel des Spaziergangs ist es, so vielen Gefahren wie möglich aus dem Weg zu gehen.

Wir schaffen das, Arjen!

Arjen ist ein unsicherer Rüde und hat gelernt, sich „um uns" zu kümmern, weil er uns nichts „zutraut"! Wir möchten etwas ändern und die Beziehung zwischen uns verbessern. Neben den Verhaltensänderungen zu Hause, beginnen wir mit der Leinenführung. Die ersten Übungen finden auf einem Parkplatz statt. Hier ist wenig Ablenkung und Arjen kann sich besser auf mich konzentrieren. Ich laufe also Zickzack über den Platz, wechsele das Tempo und Arjen läuft hinter mir her. Ich stelle mir eine „imaginäre" Schranke als Verlängerung meiner Knie vor. Sobald Arjen versucht, diese Schranke zu überschreiten, ändere ich wieder die Richtung. Arjen beobachtet mich. Das hat er vorher nie gemacht. Wir wiederholen die Übung noch einige Male und schnell merke ich, dass es ganz schön anstrengend für ihn ist. Es erfordert wohl höchste Konzentration, sich nach mir zu richten. Nach jeder Übungseinheit erhält er eine Belohnung. Arjen ist vier Tage in der Woche in einer Hundetagesstätte, während wir arbeiten. Abends ist er sehr müde und nicht mehr ganz so „aufnahmefähig". Deshalb fallen die Übungseinheiten klein aus. Unser Training verlagert sich dann hauptsächlich auf drei Tage die Woche. Das bedeutet, dass der Weg zum Ziel länger dauert. Aber wir werden es gemeinsam schaffen.

WIR SCHAFFEN DAS!

Übung 2: Weg abschneiden – territorial begrenzen

In der nächsten Übungsphase fängt zunächst alles genauso an wie beim ersten Schritt „Aufmerksamkeit" herstellen. Das heißt, dass Sie mit den Richtungswechseln fortfahren. Allerdings werden diese durch ein wichtiges Detail ergänzt: Sie biegen so oft es Ihnen möglich ist, in Richtung Ihres Hundes ab und schneiden ihm damit den Weg ab.

AUFBAU DER ÜBUNG

In die Übung hineinkommen
Sie beginnen wieder in einer guten Ausgangsposition (Hund an ausreichend langer und lockerer Leine neben Ihnen) und in einem moderaten Tempo. Kommen Sie nach der Pause erst mal wieder in die Übung hinein. Nutzen Sie die Gelegenheit, sobald die Aufmerksamkeit Ihres Hundes bei Ihnen ist.

Vor dem Hund abbiegen
Biegen Sie (wieder maximal im 45-Grad-Winkel) vor Ihrem Hund ab. Ist Ihr Hund zu diesem Zeitpunkt auf Ihrer rechten Seite, geht es nach rechts. Sollte er sich links aufhalten, wird nach links abgebogen. Bleiben Sie danach nicht stehen, sondern setzen Sie die kurzen Strecken mit den Richtungswechseln fort.

1

Worauf man achten sollte

In Richtung des Hundes abzubiegen bietet sich nur an, wenn Sie VOR Ihrem Hund entlanggehen können. Das bedeutet, dass Ihr Hund vor dem Richtungswechsel leicht hinter Ihnen sein muss. Wäre der Hundekopf bereits auf Ihrer Kniehöhe und Sie bögen dann ab, würden Sie genau in ihn hineinlaufen und ihn rammen. Das ist nicht Sinn der Übung! Sollte Ihr Hund noch weiter vor Ihnen sein, dann gehen Sie lieber in die entgegengesetzte Richtung und warten auf die nächste günstige Gelegenheit.

Nicht schneller werden

Oft wird an dieser Stelle des Trainings gerne ein kleines Wettrennen mit dem Hund veranstaltet und man beginnt, schneller zu werden, um den Hund einzuholen. Oder der Arm wird nach hinten geführt, um den Hund auszubremsen. Das Wettrennen gewinnt man als Mensch sowieso nicht, außerdem sieht es wenig cool und souverän aus. Also lieber beliebig viele Wechsel in die andere Richtung machen und erst wieder Richtung Hund abbiegen, wenn er leicht hinter einem läuft.

2

3

1. In dieser Position schafft man es gerade noch, vor seinem Hund abzubiegen.
2. Der Hund soll nur ausgebremst und nicht gerempelt werden.
3. Hier ist der Hund schon zu weit vorn, um in seine Richtung abbiegen zu können.

MÖGLICHE REAKTIONEN DES HUNDES

T-Stellung

Das „Weg-Abschneiden" ist eine territorial begrenzende Handlung, die Hunde sehr gut kennen. Denn sie nutzen sie selbst, um andere Hunde oder Menschen auszubremsen.
Das tun sie häufig durch die sogenannte T-Stellung. Diese Position heißt so, weil sich der Hund als kurzer Balken des „T" quer vor seinem Menschen beziehungsweise dem anderen Hund befindet.
Hunde beherrschen diese T-Stellung sowohl im Stehen als auch im Gehen. Wenn Sie als Zweibeiner also nun auch auf die Idee kommen, dieses „Ausbremsen" zu nutzen, werden Hunde hellhörig. Die einen akzeptieren Ihre Handlung sofort und weichen Ihnen aus. Als externer Beobachter kann man das besonders gut erkennen. Der Hundehalter biegt abrupt Richtung Hund ab. Der Hund bremst sich selbst und weicht zum Teil auch mit einem kleinen Schritt nach hinten oder zur Seite aus, um einen Zusammenstoß zu vermeiden. So gewährt er dem Menschen den Vortritt. Reagiert Ihr Hund auf diese Weise, haben Sie das Trainingsziel erreicht!

Protestverhalten

Andere Hunde kommentieren Ihre begrenzende Handlung durch In-die-Leine-Beißen, im Zweifelsfall auch in Ihren Körper oder durch Anspringen. Ihr Hund korrigiert Sie also für das seiner Meinung nach freche Verhalten Ihrerseits! Keine Sorge, Ihr Hund möchte Sie nicht verletzen – er weist nur auf seine ganz eigene charmante Art darauf hin, dass er nicht einverstanden ist. Jetzt nur nicht aus der Ruhe bringen lassen! Wenn Ihr Hund auf ein

Imponierend und mit fokussiertem Blick steht der dunklere Hund quer vor dem anderen.

ÜBUNG 2: WEG ABSCHNEIDEN – TERRITORIAL BEGRENZEN

1. Manche Hunde veranstalten ein „Zieh- und Zerrspiel".

2. Häufig fangen sie weiter unten an, in die Leine zu beißen, und arbeiten sich dann Richtung Hand vor.

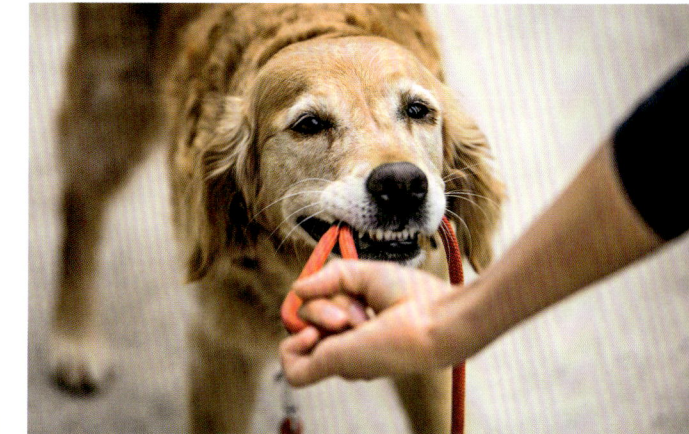

1

2

„Nein, Aus, oder Schluss" hört, können Sie es gerne nutzen. Erfahrungsgemäß hören Hunde aber immer nur für wenige Sekunden auf, was zu etlichen Wiederholungen und schließlich zu einem Streit zwischen Hund und Halter führt. Bevor Sie sich also mit Ihrem Hund zanken, hätte ich ein paar andere Vorschläge:

In Zeitlupe

Verringern Sie zunächst Ihr Tempo. Je schneller und dynamischer Sie unterwegs sind, desto eher reagiert Ihr Hund auf Sie. Gehen Sie also in Zeitlupe und ignorieren Sie Ihren Hund, wenn möglich. Lassen Sie ihn ruhig in die Leine beißen, ziehen Sie jedoch nicht ruckartig dagegen. Wenn Ihr Hund an Ihnen hochspringt, versuchen Sie, sich nicht daran zu stören. Im Zweifelsfall bleiben Sie stehen, verschränken die Arme vor der Brust und schauen in eine andere Richtung. Wenn sich Ihr Hund nach kurzer Zeit beruhigt und von Ihnen und der Leine ablässt, machen Sie noch wenige langsame Richtungswechsel und legen dann eine Pause ein. Steigert sich Ihr Hund jedoch hinein und verschärft seine Aktionen oder bleibt auf gleichem „Aufregungsniveau", Sollten Sie lieber zu einem der folgenden Vorschläge wechseln:

1. In dem Moment, in dem der Hund anfängt in die Leine zu beißen …

2. … sollte sie sofort und abrupt fallen gelassen werden. Gleichzeitig erfolgt ein ignoranter Richtungswechsel.

3. Meistens kommen die Hunde dann hinterhergelaufen.

Leine fallen lassen

Lassen Sie die Leine fallen und entfernen Sie sich langsam von Ihrem Hund. Schauen Sie ihn dabei nicht an. Im Gegenteil! Kommt Ihr Hund hinterhergelaufen, drehen Sie sich von ihm weg und gehen langsam in eine andere Richtung. So lange, bis sich Ihr Hund beruhigt hat und brav in Ihrer Nähe steht. Dann sprechen Sie ihn freundlich an, greifen nach der Leine und setzen die Übung fort. Ruhig, in einem gemäßigten Tempo, wie Sie es vor dem „Zwischenfall" getan haben. Klappt das gut, beenden Sie die Trainingseinheit oder machen Sie eine längere Pause. Häufig kommen Hunde, nachdem Sie die Leine geschüttelt haben oder große „Showrunden" damit gelaufen sind, zu Ihrem Menschen. Manche noch mit der Leine in der Schnauze, als ob sie einen auffordern wollten, sich weiter zu streiten. Andere haben sie fallen gelassen, denn wenn kein Mensch am anderen Ende zieht, macht es schließlich auch keinen Spaß. Etwas verdutzt und irritiert schauen sie fast alle. Vermutlich auch, weil sie so viel Ruhe und Gelassenheit in solchen Situationen von Ihnen gar nicht kennen.

Zweite Leine

Die Leine loszulassen können Sie sich natürlich nur erlauben, wenn es die Situation hergibt und nicht die Gefahr besteht, dass Ihr Hund wegläuft. Haben Sie diese Bedenken, dann könnten Sie für die nächste Trainingseinheit zwei Leinen an Ihrem Hund befestigen (eine am Halsband, eine am Brustgeschirr) und die Leine, in die er beißt, fallen lassen – gleichzeitig aber die andere aufnehmen und festhalten. Beißt Ihr Hund nun in die Leine, die Sie in der Hand haben, wechseln Sie wieder die Leine. Ist keine Besserung in Sicht, versuchen Sie es mit dem nächsten Vorschlag.

So hat ein Hund keine Chance mehr, an seinem Menschen hochzuspringen.

Auf die Leine stellen oder anbinden

Schließlich besteht auch die Möglichkeit, sich einfach auf die Leine zu stellen. Und zwar so, dass Ihr Hund am Hochspringen gehindert wird. Das bedeutet, dass die Leine vom Boden aus gerade so lang sein sollte, dass Ihr Hund daran stehen kann, aber nicht springen. Spätestens nach ein paar Versuchen merkt er, dass es zwecklos ist und stellt das Verhalten ein. Sollte Ihr Hund dann allerdings Ihr Hosenbein als „Blitzableiter" nutzen, können Sie ihn auch für einen kurzen Moment an einen nahe gelegenen Baum, einer Bank oder Ähnlichem festbinden und aus dem Leinenradius heraustreten, sodass er Sie nicht länger nerven kann. Egal welche „Methode" Sie wählen, ignorieren Sie ihn so lange, bis er abwartendes und ruhiges Verhalten zeigt.

IGNORIEREN

Mit ignorieren meine ich, so zu tun, als ob er in diesem Moment nicht da wäre, also ihn bitte nicht ansprechen, nicht anschauen und auch nicht anfassen. Ist Ihr Hund in einem annehmbaren Zustand, können Sie ihn wieder anschauen bzw. sich ihm wieder nähern, falls Sie sich aus seinem Wirkungsfeld entfernt haben. So lernt er auch ganz schnell, welche seiner Handlungen zu welchem Verhalten Ihrerseits führt. Und das ist nicht nur eine wichtige Lernerfahrung für die Leinenführigkeit!

Übung 3: Stoppen und entspanntes Stehen

In diesem Trainingsschritt geht es darum, zu prüfen, ob sich der Hund der menschlichen Bewegung anpasst, selbst wenn er andere Möglichkeiten hätte. Bis zu diesem Punkt müsste der Hund schon relativ gut dem Menschen folgen. Was passiert aber, wenn der Mensch stehenbleibt? Hält dann auch der Hund an?

AUFBAU DER ÜBUNG

Halt mit körpersprachlicher Betonung

Da diese Bewegungsanpassung erreicht werden soll, empfehle ich vorerst ein abruptes Anhalten des Menschen. Das heißt, dass man nicht nahezu unbemerkt stehenbleibt, sondern körpersprachlich sehr klar ist. Dafür nimmt man die Schultern zurück und richtet sich deutlich auf. Diese präsente Haltung des Oberkörpers registriert auch ein kleiner Hund. Gleichzeitig wird ein Bein zum Ausbremsen genutzt. Das Bein, das

sich direkt neben dem Hund befindet, wird plötzlich und dynamisch vor den Hund gestellt. Durch diese zackige Bewegung wird ihm der Weg abgeschnitten, ohne dass es zu einer Berührung kommt. Allein durch die ruckartige Bewegung sollte der Hund anhalten.

Hält er ... ?

Ihr Hund sollte nun entspannt und an lockerer Leine neben Ihnen stehen. Ist dies der Fall, freuen Sie sich und genießen Sie diesen Zustand für einen Moment, bevor Sie weitergehen! Alternativ können Sie ihm nun auch ein Spiel anbieten oder ihn in den Freilauf entlassen.

... oder hält er nicht?

Nutzt Ihr Hund jedoch die Gelegenheit und läuft nach dem Halten schnurstracks an Ihnen vorbei, sollten Sie sich sofort wieder in Bewegung setzen und über das Zickzacklaufen seine Aufmerksamkeit zurückgewinnen. Wenn es wieder gut läuft und Sie keinen Zug auf der Leine spüren, ist dies eine gute Gelegenheit, einen weiteren Stopp zu wagen.

1. Deutliches Anhalten, aufrechtes Stehen und ein angedeutetes Weg-Abschneiden sind klare „Halt-Signale".
2. Bleibt auch der Hund stehen, ohne zu überholen, kann eine Pause eingelegt werden.

Ob das Training zu Fuß oder mit dem Rollstuhl stattfindet – Kuschelpausen sind eine willkommene Abwechslung.

WORAUF MAN ACHTEN SOLLTE

- Leiten Sie diese Übung mit Richtungswechseln und Weg-Abschneiden ein, bevor Sie stoppen. Sowohl Sie als auch Ihr Hund sind dann „im Thema" und werden erfolgreicher sein.
- Halten Sie nur dann an, wenn sich Ihr Hund in einer günstigen Position, also leicht hinter Ihnen befindet. Nur dann können Sie Ihr Bein spontan zur Seite strecken und Ihren Hund ausbremsen. Befindet sich Ihr Hund auf gleicher Höhe wie Ihr Bein, müssten Sie einen Schritt nach vorne machen, um vor ihm zu sein. Ist Ihr Hund vorn, haben Sie gar keine Chance. In diesem Fall sollten Sie lieber ein paar Richtungswechsel mehr machen und auf die nächste sich bietende Gelegenheit warten.
- Beim Loben bitte immer noch auf die „gute Position" achten. Nutzt Ihr Hund Ihre Euphorie, um an Ihnen hochzuspringen oder Ihnen vor die Füße zu laufen, sollte das Lob das nächste

Mal etwas ruhiger ausfallen. Sprechen Sie sanft mit Ihrem Hund oder streicheln ihn, wenn er sich neben Ihnen befindet.

MÖGLICHE REAKTIONEN DES HUNDES

Ausweichen und Anhalten

Wenn Sie Ihren Hund abrupt ausbremsen, ist es nur logisch, dass er Ihrem Bein ausweicht, um nicht aufzulaufen. Dreht sich Ihr Hund also ein bisschen zur Seite weg, ist aber nach wie vor neben bzw. hinter Ihnen (wenn auch mit etwas mehr Abstand), ist alles in Ordnung!

Kekse?

Manche Hunde bremsen zuerst ab und weichen aus, um im nächsten Moment erwartungsvoll vor ihren Menschen zu laufen und ihn anzuschauen. Dabei handelt es sich meist um ein (mehr oder weniger bewusst) antrainiertes Verhalten. Ihr Hund weiß, dass er vor Ihnen, also vor Ihren Füßen, die beste Chance auf Aufmerksamkeit und Leckerchen hat. Das haben Sie ihm so beigebracht, weil er dort immer etwas bekommen hat. Jetzt versuchen Sie allerdings, Ihren Hund davon zu überzeugen, neben bzw. hinter Ihnen zu bleiben. Also seien Sie ein bisschen schneller und loben und belohnen Sie ihn auch dort, bevor er vor Ihnen steht, oder schicken Sie ihn in den Freilauf. Alternativ wiederholen Sie die Ausbremsbewegung mit Ihrem Bein, wenn Ihr Hund Anstalten macht, nach vorne zu laufen. Verharrt er dann an Ihrer Seite, ist jetzt der richtige Zeitpunkt für ein Lob.

Abgelenkt

Letztendlich gibt es auch die Hunde, die nach dem Stehenbleiben sofort wieder die Nase am Boden haben oder von Reizen in der Umgebung abgelenkt sind. Eine Möglichkeit besteht darin, sofort weiterzulaufen, bis der Hund wieder etwas aufmerksamer ist. Eine andere ist es, beim nächsten Stehenbleiben noch etwas deutlicher zu werden, indem man beispielsweise leicht mit dem Fuß aufstampft. Im Zweifelsfall können Sie sich auch mit einem „Sitz" behelfen, um Ihren Hund kurz an der Stelle zu fixieren.

> **TIPP**
>
> Achten Sie darauf, dass nach wie vor Sie das Signal für die Pause und fürs Weitergehen geben. Denn allzu schnell lässt man sich wieder von seinem Hund anleiten.

AUFMERKSAMKEIT WILLKOMMEN

Ein aufmerksamer Hund schafft es, seinen Menschen an lockerer
Leine zu begleiten. Er muss dabei nicht immer hochschauen.

Eine gerade Strecke zurücklegen

Mit diesen drei Übungen haben Sie das Handwerkszeug, um an einer zuverlässigen und entspannten Leinenführung zu arbeiten. Da Sie bisher mehr oder weniger nur zickzack gelaufen sind, wird es Zeit, nun eine gerade Strecke zurückzulegen.

Wählen Sie wieder ein ruhiges Umfeld ohne allzu viel Ablenkung. Um sich einzustimmen, empfiehlt es sich, zuerst mit zügigen Richtungswechseln zu beginnen und dabei möglichst oft in die Richtung des Hundes abzubiegen. Sobald Sie merken, dass Ihr Hund gedanklich bei Ihnen ist, gehen Sie auf einer geraden Linie entlang, anfangs nur eine kurze Strecke von einigen Schritten. Halten Sie an oder wechseln Sie die Richtung, bevor Ihr Hund Sie überholt. Wichtig ist, dass Sie nicht in eine passive Rolle geraten und immer erst reagieren, nachdem Ihr Hund Sie überholt hat. Nach wie vor liegt der Fokus auf rechtzeitige, prophylaktische Reaktionen. Sie merken, dass Sie nach und nach eine immer längere Strecke ohne Winkel zurücklegen können. Freuen Sie sich ruhig schon über kleine Trainingserfolge und kurze Strecken, die „ordentlich" zurückgelegt werden können. Dadurch, dass Ihr Hund nun weiß, in welche Richtung es geht, könnte er vermehrt versuchen, Sie zu überholen. Zudem kann die Aufmerksamkeit Ihres Hundes schon mal abschweifen, da weniger Richtungswechsel gemacht werden. Diese Faktoren machen die „gerade Strecke" zu einer Herausforderung.

Geht es eine Weile geradeaus, interessieren sich Hunde auch wieder für die Dinge rechts und links vom Weg.

Bei Fuß

Das ordentliche Nebeneinanderhergehen wird in der Regel „Bei Fuß" oder „Fuß" genannt. Wie Sie diese Bewegungsform bezeichnen, ist letztendlich egal, es sollte jedoch immer das gleiche Wort sein, das sich idealerweise eindeutig vom Klang anderer Wort-Signale unterscheidet.

HÖR- UND SICHTZEICHEN ETABLIEREN

Ein häufiger Fehler, der bei der Benennung auftritt, ist der, dass dem Hund das noch unbekannte Signal zuerst gesagt und damit die Übung eingeleitet wird. Der Hund weiß aber noch gar nicht (richtig), was „Fuß" bedeutet. Hier besteht die Gefahr, dass der Hund zwar „Fuß" hört, dabei aber am Boden schnuppert, einem anderen Hund nachschaut oder etwas anderes macht, das nicht „Fuß" ist. Ich empfehle daher, erst einmal nichts zu sagen und durch die Übung dafür zu sorgen, dass sich Ihr Hund in der perfekten Fuß-Position befindet. Erst dann wird das verbale Signal eingeführt. Jetzt hört Ihr Hund das Signal „Fuß" in dem Moment, in dem er es richtig gut ausführt.

SEITENWECHSEL

Ob man für das Fuß-Gehen auf der rechten und linken Seite unterschiedliche Begriffe verwendet, ist Geschmackssache. Dem Hund würden ein Signal und eine körpersprachliche Zeigegeste ausreichen, um zu wissen, auf welcher Seite er seinen Menschen begleiten soll. Für Ihren Hund ist es aber auch kein Problem, sich „Fuß" für die linke und „Hand" für die rechte Seite einzuprägen.

Meistens gibt es eine „Schokoladenseite", auf der es besser klappt. Prinzipiell finde ich es wichtig, dass der Hund auf beiden Seiten gehen kann. So kann man spontan entscheiden, welche Seite die sinnvollere ist. Kommt z. B. ein Radfahrer links entgegen, kann der Hund rechts geführt werden.

OHNE LEINE BEI FUSS

Alle Teilübungen mit Leine können auch ohne Leine wiederholt werden. Der Hund kennt das System schon und „bei Fuß" wird schnell gelernt.

Mit der Schokoladenseite anfangen

Beginnen Sie mit der Schokoladenseite, indem Sie Ihren Hund auf diese Seite locken. Lassen Sie ihn beispielsweise links von Ihnen absitzen. Sprechen Sie ihn an und beginnen Sie mit den Übungen. Achten Sie nun darauf, wann Ihr Hund genau neben Ihnen herläuft und Ihnen seine ganze Aufmerksamkeit schenkt. Das ist der Moment, indem Sie Ihr Hörzeichen geben. Wiederholen Sie diese Übung einige Male.
Wechselt er die Seite, hören Sie auf, mit ihm zu sprechen und locken ihn wieder in die „richtige" Position. Hier wird er wieder gelobt und hört das entsprechende Signal. Die meisten Hundehalter klopfen sich leicht auf den Oberschenkel, und zwar auf das Bein, auf dessen Seite sie ihren Hund führen möchten. Das ist ein gutes Signal, da Hunde wunderbar auf Bewegungsreize reagieren. Je mehr Sie und Ihr Hund zum eingespielten Team werden, desto früher können Sie „Fuß" sagen. Denn Sie haben nun hohe Sicherheit, dass Ihr Hund auch weiß, was damit gemeint ist.

Die andere Seite

Wenn Sie mit der Schokoladenseite erste Erfahrungen gemacht haben, würde ich nicht allzu lange warten, um die andere Seite zu üben.

> **TIPP**
> Für Hunde, die sehr gut und fast schon übermütig auf Ansprache reagieren, müssen Sie vermutlich ein bisschen gedämpfter loben, damit der Hund in seiner Position bleiben kann.

Ihr Hund kann sich sonst immer schlechter umstellen. Hier ist nun Ihr gutes Timing gefragt. Vielleicht hat er das Gefühl, dass er etwas falsch macht, wenn er auf der anderen Seite läuft. Er möchte also schnell zur gewohnteren Seite wechseln. Loben Sie ihn beizeiten und bestätigen ihn für das „Bei Fuß" auf der gewünschten Seite. Verwenden Sie das gleiche Sichtzeichen, beispielsweise das leichte Klopfen auf den entsprechenden Oberschenkel.

Hinter dem Rücken

Wenn Sie aus dem Stehen heraus beginnen, können Sie Ihren Hund immer schon auf die gewünschte Seite bringen. Wie übt man aber, dass der Hund auch während des Gehens die Seiten wechselt? Von der naheliegenden Variante, den Hund einfach an der Leine dorthin zu ziehen, wo man ihn haben möchte, rate ich aus bereits genannten Gründen ab.
Auch wenn es anfangs etwas komplizierter erscheinen mag, rate ich zu einem Wechsel hinter dem Menschen. Denn wenn der Hund vor den Füßen von der einen zur anderen Seite läuft, muss man im Zweifelsfall anhalten, wird ausgebremst oder stolpert über ihn. Hinter dem Rücken kann der Vierbeiner dagegen sehr galant die Seite wechseln.

1. Der Hund ist aufmerksam und befindet sich in einer guten Ausgangsposition.
2. Hinter dem Rücken wird der Hund angesprochen und animiert, auf die andere Seite zu kommen.
3. Ist er dort, erfolgt ein Lob.

3

DER WEG ZUM LEINENFÜHRIGEN HUND

1

2

3

Erst im Stehen, dann im Gehen

Die ersten Seitenwechsel übt man am besten im Stehen. Positionieren Sie Ihren Hund so neben sich, dass Sie beide in die gleiche Richtung schauen. Nehmen wir an, Ihr Hund steht links, dann drehen Sie Ihren Oberkörper nun nach rechts ein und versuchen über Ihre rechte Schulter Ihren Hund anzuschauen. Sprechen Sie mit Ihrem Hund. Sobald Sie seine Aufmerksamkeit haben, klopfen Sie auf Ihren rechten Schenkel und gehen einen Schritt vorwärts – während Sie weiterhin über Ihre Schulter schauen. Für Hunde ist es naheliegend, hinter Ihrem Rücken auf die andere Seite zu wechseln. Für den Anfang kann es eine Hilfe sein, wenn Sie die Leine bereits in Ihrer rechten Hand halten und die Leine hinter Ihren Beinen verläuft. Ihr Hund folgt dann nicht nur Ihrer Körperbewegung sondern auch dem Leinenverlauf. Versuchen Sie nun den Wechsel von rechts nach links nach dem gleichen Muster. Je wohler Sie sich damit fühlen, desto mehr können Sie in Bewegung üben. Gehen Sie im nächsten Schritt zunächst sehr langsam und machen den Wechsel quasi in Zeitlupe. Je besser das funktioniert, desto schneller können Sie werden und desto mehr können Sie Ihre Oberkörperbewegung abbauen, sodass nur noch das Klopfen auf

1. Beginnen Sie mit den bekannten Übungen zunächst an der Leine.

2. Ist Ihr Hund eingestimmt, ist es an der Zeit, ihn abzuleinen.

3. Animieren Sie ihn nun, Ihnen zu folgen.

4. Anschließend führen Sie die Übungen fort.

4

den Oberschenkel übrigbleibt. Möchte Ihr Hund doch einmal vor Ihnen die Seite wechseln, versperren Sie ihm mit einem beherzten Schritt den Weg, locken ihn zurück in die Ausgangsposition und probieren es einfach noch mal.

FUSS GEHEN OHNE LEINE

Sie haben schon viel Vorarbeit geleistet, jetzt können Sie davon profitieren. Wie anfangs schon geschildert, ist das Positive an dieser Art der Leinenführigkeit, dass Sie das Thema einmal mit Ihrem Hund „ausdiskutieren", es dann aber sowohl mit als auch ohne Leine funktioniert. Probieren Sie es einfach mal aus:

Leine los!

Beginnen Sie so wie immer. Sobald es gut läuft, leinen Sie Ihren Hund eher beiläufig ab (oder lassen die Leine fallen). In der Regel orientiert sich Ihr Hund weiterhin an Ihnen und Ihrer Bewegung. Bei Hunden, die sich schneller ablenken lassen, ist es notwendig, häufigere und markantere Richtungswechsel auszuführen, etwas mehr Dynamik in die Übung zu bringen. Üben Sie anfangs nur eine kurze Strecke ohne Leine und werden Sie nicht gleich übermütig, denn das wirft einen in der Regel im Training wieder zurück. Folgende Zusatzelemente unterstützen Sie bei Ihrem Training:

„Emma, mach mal langsam"
Markus und Nico mit Emma

Unsere zweijährige Emma ist eine Vizsla-Hündin, wie sie im Buche steht: ein fliegender Wirbelwind. Neugierig, abenteuerlustig und nach vorne preschend. Dabei ist es ihr ziemlich egal, ob sie ohne Leine über die Felder tobt oder ob noch zufällig Herrchen am Ende der Leine hängt. So sahen unsere ersten turbulenten Welpenausflüge aus. Uns wurde schnell klar: Wir mussten alle in die Hundeschule und lernen, wie es richtig geht! Kann ja nicht so schwierig sein, denn der Golden Retriever Paul von nebenan, kann's ja auch.

Volle Konzentration
Heute sind wir froh, dass wir so naiv und unbedacht an die Leinensache herangegangen sind. Es war und ist noch immer eine große Trainingsaufgabe. Und das einzige was wirklich hilft, ist nicht enden wollende liebevolle Konsequenz. Sobald unsere Turbo-Emma an der Leine ist, heißt es für uns Herrchen: gerade gehen, Aufmerksamkeit voll und ganz auf Emma richten und ihr immer wieder zeigen, wie es geht. Die effektivste Übung, die wir von unserer geduldigen Hundetrainerin gelernt haben: Emma den Weg abschneiden und zwar, sobald sie nur auf die Idee kommt, uns zu überholen. Es muss zum Schreien komisch aussehen, wenn wir mit ihr Zickzack laufen, aber es hilft! Mittlerweile reicht es, wenn wir diese Übung ein-, zwei-mal machen. Dann hat Emma gleich verstanden, was nun von ihr erwartet wird. Es ist nicht nur für uns eine Frage der Konzentration. Auch dem Hund merken wir an, dass er sich stark konzentrieren muss. Das klappt mittlerweile spitze – aber nicht immer. Selbst nach zwei Jahren Training gibt es Tage, an denen die Welt da draußen viel spannender und aufregender ist, sodass Emma noch immer vorauseilen möchte. Dann schlagen wir wieder unsere Haken, Emma schaut etwas fragend, wechselt aber umgehend in den Trainingsmodus.

„Nicht so ziehen, Emma"
Übrigens, so verständliche Sätze wie „Emma, mach mal langsam" und „Nicht so ziehen, Emma" helfen übrigens auch – zumindest, um unsere Hundetrainerin zu amüsieren. Nachdem uns diese etwas vermenschlichten Aufforderungen einige Male herausgerutscht waren, erklärte sie uns, dass es sich hierbei um den meistgesprochen Satz eines Hundehalters handele und in der gesamten Geschichte der Hunderassen noch kein Hund etwas damit anfangen konnte. Also nicht lange quatschen, sondern Haken schlagen und durchhalten.

„EMMA, MACH MAL LANGSAM"

VERLEITUNGEN EINBAUEN

Legen Sie etwas auf den Boden, das Ihren Hund interessieren könnte. Ein Spielzeug, Dummy oder sogar Futter. Ziel ist es, sich leinenführig von diesem Gegenstand zu entfernen.

1.
Nach wenigen Schritten haben Sie idealerweise einen Hund, der aufmerksam und in der perfekten Fuß-Position neben Ihnen her läuft. Wenn das erreicht ist, schicken Sie ihn zurück zum Apportieren, Fressen etc. Er lernt dadurch, dass die exakte Fuß-Position der Schlüssel zum Erfolg ist!

2.
Jetzt können Sie Ihren Hund immer weiter von dem Gegenstand weglocken und ihn immer längere Strecken bei Fuß gehen lassen, bis er durch Ihr Zurückschicken „erlöst" wird. Achten Sie darauf, dass Sie Ihren Hund nur dann loslaufen lassen, wenn er auch wirklich neben Ihnen ist.

3.
Schwieriger wird die Übung, wenn Sie sich auf das Objekt der Begierde zu bewegen. Jetzt müssen Sie Ihren Hund eher ausbremsen als locken und im Zweifelsfall den Gegenstand auch „verteidigen". Die Streber unter Ihnen können es sich auch zur Aufgabe machen, ganz nah am Gegenstand vorbei zu laufen oder sogar über ihn hinweg zu gehen, selbstverständlich im „Bei Fuß".

Zusatzelemente

Es gibt noch ein paar Kniffe, die eingesetzt werden können, wenn es schwieriger ist, die Aufmerksamkeit des Hundes bei sich zu behalten. Zum Beispiel wenn die Umgebungsreize ablenken. Nicht alle Hunde reagieren gleich auf diese Strategien. Probieren Sie deshalb aus, was für Ihren Hund gut funktioniert.

RÜCKWÄRTS GEHEN

Bei dieser „Übung" läuft man sozusagen rückwärts in den Hund hinein, sodass dieser ausweichen muss. Keine Sorge, meistens kommt es nicht einmal zu einem Berührungskontakt. Hunde verstehen genau, dass sie bedrängt werden und reagieren dementsprechend darauf. Das Rückwärtsgehen lässt sich sowohl aus der Bewegung als auch aus dem Halt heraus einleiten. Auch hier sollte sich Ihr Hund leicht hinter Ihnen befinden. Gehen Sie nun rückwärts auf Ihren Hund zu. Ungefähr so, als wollten Sie ihn mit Ihrer Wade an seiner Brust berühren. Schauen Sie dabei von oben über die Schulter auf Ihren Hund, das erhöht die Wirkung. Dadurch, dass Sie sich so präsent machen, drängen Sie sich Ihrem Hund auf. Ihm fällt es jetzt schwerer, Sie zu ignorieren. Er muss sich also für einen Moment um Sie kümmern und kann seinen Fokus nicht durchgängig auf dem Außenreiz lassen. Und wenn Ihr Hund aufmerksamer ist, können Sie ihn ansprechen und haben die Möglichkeit, Einfluss auf ihn zu nehmen. Drei bis vier rückwärtsgerichtete Schritte sind meistens vollkommen ausreichend! Sollte Ihr Hund jedoch gar nicht darauf reagieren, können Sie entweder mehrere Richtungswechsel ausführen oder die Distanz zum Reiz vergrößern.

UMKREISEN

Eine weitere Möglichkeit, den Hund etwas mehr auf sich zu konzentrieren ist, ihn langsam und eng zu umkreisen. Das ist eine stark bewegungseinschränkende Kommunikation und Sie kennen das von der ein oder anderen Hundebegegnung: zwei Hunde, die sich fast stehend relativ steif und angespannt umkreisen. Eine deutliche Ansprache, bei der der betroffene Hund kaum gedanklich abschweifen kann. Und genau das ist der Sinn der Übung, wenn Sie dieses Verhalten nachahmen. Gehen Sie langsamen Schrittes und visieren Sie die Flanke Ihres Hundes an, als ob Sie einer halbkreisförmigen Linie folgen. Hunde, die Ihre Körpersprache ernst nehmen, drehen sich nun quasi mit, indem sie mit ihrer Hinterhand seitlich ausweichen und sich mit dem Kopf- und Brustbereich neben Ihnen „einsortieren". Auch bei dieser Übung bitte nicht stundenlang im Kreis laufen, sondern lediglich einen Halbkreis oder Kreis lang. Sollte Ihr Hund gar nicht darauf reagieren, versuchen Sie es ein andermal einfach noch mal.

TEMPOWECHSEL

Wir Menschen gehen nur allzu gerne in einem monotonen Tempo spazieren. Da dies für den Hund sehr vorhersehbar und dadurch auch langweilig sein kann, fängt er vermehrt an, sich mit seiner Umwelt zu beschäftigen. Er schnüffelt, sucht in der Ferne nach anderen Hunden usw. Um Ihren Hund länger bei Laune zu halten und damit erfolgreicher zu trainieren, bieten sich Tempowechsel an. Diese können abrupt erfolgen, denn Hunde reagieren sehr gut auf Dynamik und spontane Tempoänderungen. Halten Sie beispielsweise abrupt an, danach gehen Sie ein paar Schritte sehr langsam, beschleunigen stark, um nach wenigen Metern wieder in Ihr übliches Tempo zu fallen. Sie können ruhig variieren, ein einheitliches Muster sollte nicht erkennbar sein. Wenn bei Ihnen ständig was passiert, muss Ihr Hund auch ständig aufpassen – und damit ist er aufmerksamer!

Wichtig ist, dass alle drei Elemente keine Dauerlösung sein sollen, sondern eher ein Werkzeug, das bei Bedarf kurzzeitig eingesetzt wird.

3

1. Mit einem deutlichen Seitwärtsschritt wird das Umkreisen eingeleitet.

2. Auch die nächsten Schritte dienen der Bewegungseinschränkung.

3. Nach einer halben oder ganzen Runde geht man wieder geradeaus.

Tipps für den Alltag

Vermutlich haben Sie sich beim Lesen gefragt, wie das alles im Alltag funktionieren soll. Vor allem, wenn man im Zeitdruck ist und für ein konsequentes Training nicht die Nerven oder die Zeit hat.

Hier möchte ich an den Wechsel von Brustgeschirr und Leine (siehe Seite 11) erinnern. Übergangsweise wird der Hund mit beidem ausgestattet. Wenn Sie konzentriert üben können und es die Situation zulässt, führen Sie Ihren Hund am Halsband und achten auf die Leinenführigkeit. Sind die Reize im Umfeld noch zu groß für Ihren Trainingsstand, können Sie bequem auf das Brustgeschirr „umschnallen", um damit einen Trainingsrückschritt zu verhindern.

HINDERNISSE NUTZEN

Nutzen Sie „Hindernisse". Gehen Sie so nah an Straßenlaternen, Hauswänden oder geparkten Autos vorbei, dass Ihr Hund Sie gar nicht überholen kann. Gerade zu Beginn des Trainings kommt man so erst einmal ein gutes Stück weiter. Als Dauerlösung ist das Abdrängen jedoch nicht geeignet, wenn es die einzige Strategie bleibt. Hin und wieder sollten Sie beispielsweise an der Hauswand stehenbleiben und die lockere Leine mit Ihrem Hund körpersprachlich ausdiskutieren. Das heißt, wenn er an Ihnen vorbeipreschen möchte, schneiden Sie ihm den Weg ab. Sobald er wieder hinter Ihnen ist, lösen Sie die Spannung aus der Leine und überprüfen, ob er von sich aus stehenbleibt (und somit Ihre Grenze akzeptiert hat). Nutzt er die Gelegenheit, um wieder nach vorne zu ziehen, geht die Diskussion weiter. Zufrieden können Sie sein, wenn Ihr Hund an lockerer Leine neben Ihnen

1. Der Hund hat etwas Interessantes entdeckt.

2. Bevor er überholt, wird er mit einer Seitwärtsbewegung des Beins daran gehindert.

Slalom ist eine gute Trainingsunterstützung im Alltag.

steht, er zwar die Möglichkeit (also freie Bahn nach vorne) hätte, Sie zu überholen, es aber nicht tut. Wenn Sie jetzt noch einige Sekunden so stehenbleiben können, ist es großartig!

SLALOM

Slalomlaufen ist eine weitere Möglichkeit, das Umfeld in die Übung einzubeziehen. In Ihrer Nähe gibt es sicherlich irgendwo Absperrpfosten, die sich als Slalom-Parcours hervorragend eignen (zumindest so lange sie nicht mit Ketten miteinander verbunden sind). Stellen Sie sich Ihre Wegstrecke zwischen den Pfosten als Zick-Zack vor. Abwechselnd bewegen Sie sich also von Ihrem Hund weg bzw. drängen ihn an einem Pfosten ggf. wieder zurück in die „zweite Reihe".

Ein entspannter Start zum Spaziergang: Der Hund wartet auf das Signal, dass er aussteigen darf.

STEHEN BLEIBEN

Achten Sie so oft es geht auf eine lockere Leine. Nicht nur beim Gehen, sondern auch beim Stehen. Probieren Sie folgende Übung einige Male aus: Während des Spaziergangs (Ihr Hund sollte angeleint sein) bleiben Sie einfach stehen. Sei es, weil Sie die Nachbarin treffen oder weil Sie eine Blume bewundern möchten. Ihre Aufmerksamkeit ist jedoch beim Hund! Bringt er die Leine auf Spannung, ziehen Sie ihn vorsichtig (nicht ruckartig!) ein Stück zurück und lassen die Leine sofort wieder locker. Machen Sie das jedes Mal, wenn Ihr Hund die Leine spannt. Das kann die ersten Male gefühlte 728 Male brauchen, aber früher oder später versteht er, dass es keinen Sinn macht, die Leine auf Spannung zu bringen. Auch das Ableinen ist eine gute Gelegenheit, um auf eine lockere Leine zu achten. So lange Ihr Hund zerrt, weil er seinen Freilauf kaum erwarten kann, passiert nichts. Erst wenn die Leine locker ist, wird er abgeleint. Auch diese Situation können Sie mit der eben beschriebenen Übung trainieren. Ist Ihr Hund zu aufgeregt, vergrößern Sie die Distanz zum Reiz.

DER START IST ENTSCHEIDEND

Achten Sie auf einen guten Start zum Spaziergang. In den ersten Sekunden zeigt sich oft, wie der weitere Gassi-Gang verlaufen wird. Ein Hund, der aus der Haustür zerrt, sofort alle wichtigen Stellen markiert, womöglich bellt, wenn er das Haus verlässt, und Sie vom ersten

Schritt an ignoriert, wird sich in den folgenden Minuten sicher nicht an Ihnen orientieren. Sorgen Sie zunächst für Entspannung vor dem Losgehen. Ist Ihr Hund sehr aufgekratzt, machen Sie nach dem Anlegen des Halsbandes erst einmal eine Pause, bis sich Ihr Hund entspannt hat. Ganz ruhig rufen Sie ihn zu sich und machen den nächsten Schritt Ihrer Vorbereitungen. Je ruhiger Sie sind und desto weniger Sie sich aus der Ruhe bringen lassen, desto besser. Erst wenn sich Ihr Hund halbwegs beherrschen kann, öffnen Sie die Tür und gehen zuerst durch. Spätestens jetzt sind Sie auch schon mitten in den Übungen zur Leinenführigkeit. Auch wenn es anfangs zäh ist, die Ausdauer lohnt sich! Wenn es zunächst zwanzig Minuten dauert, bis Sie los können, werden es bald nur noch fünf sein. Machen Sie mit Ihrem Hund eine Kleinigkeit, nachdem er sich das erste Mal gelöst hat. Das kann eine Apportierübung sein, ein Suchspiel oder eine Abfolge einiger Tricks. Spielerisch legen Sie damit von Anfang an fest, wer derjenige ist, der das Kommando hat. Ich weiß, dass die Leinenführigkeit viel leichter ist, wenn sich der Hund erst einmal ausgetobt hat. Ich finde es jedoch wichtig, auch in schwierigen Situationen Einfluss auf den Hund nehmen zu können. Also muss auch in schwierigen Situationen geübt werden. Und wie logisch ist es, wenn ich in Minute 36 des Spaziergangs plötzlich etwas von meinem Hund möchte, bisher aber eher nur als „Deko" mitgelaufen bin? Dass er mich dann nicht ganz so ernst nimmt bzw. die Dringlichkeit meiner Bitte nicht erkennt, kann man ihm nicht verübeln.

1. Begrüßung an gespannter Leine – so soll es nicht sein!

2. Stattdessen soll der Hund ruhig abwarten, bis er abgeleint wird …

3. … und das Signal für den Freilauf bekommt.

VERHALTEN DES MENSCHEN

Hunde sind komplexe Wesen und können vom Verhalten in einer Situation auch auf Verhalten in anderen Situationen schließen. Viele Hunde erleben ihre Menschen als eher passiv, wenn es darum geht, Entscheidungen zu treffen – zumindest wenn man zu Hause ist. In einem Wohlfühlumfeld, in dem i.d.R. nicht wahnsinnig viel passiert, trifft der Hund also (fast) alle Entscheidungen und initiiert Handlungen: Er schaut nur einmal, schon wird mit ihm gesprochen. Er kommt mit dem Ball angelaufen und es wird sofort für ihn geworfen. Nicht falsch verstehen, das finde ich alles nicht schlimm. Solange es beiden damit gut geht, ist auch alles prima. Das Problem tritt erst auf, wenn man mit seinem Hund das traute Heim verlässt und sich in der aufregenden, reizvollen Umgebung aufhält. Nun wird der Mensch, aus Hundesicht, etwas größenwahnsinnig. Denn auf einmal möchte er die Entscheidungen treffen: „Hier", „Aus", „Fuß"… Kein Wunder, dass so mancher Hund etwas irritiert ist. Drinnen bekommt Frauchen oder Herrchen nichts auf die Reihe, da muss der Hund jede kleine Anweisung geben. Doch draußen, wo es viel spannender und aufregender und aus Hundesicht bedeutender ist, möchte der Mensch auf einmal das Sagen haben. Das kann nicht funktionieren!

Wenn der Hund in dieser Situation seinen Menschen durch eine T-Stellung abschirmt, warum soll er es dann nicht auch in anderen Situationen tun?

… nur noch schnell …

Hunde finden dann häufig Kompromisslösungen, ganz nach dem Motto: „Erst noch dem Hund Hallo sagen, dann komme ich schon!" Im Rückschluss heißt das also: Möchte man draußen, ob bei der Leinenführigkeit oder beim Rückruf, mehr Einfluss auf seinen Hund haben, ist es nur logisch, drinnen damit anzufangen: Zeigen Sie Ihrem Hund, dass Sie ein eigenständiges Wesen sind, das seine Entscheidungen selbst treffen kann. Gehen Sie also nicht jedes Mal auf Ihren Hund ein, sondern werden Sie

stattdessen aktiver und fordern ihn zu etwas auf, bevor er es tut. Von diesem neuen Verhalten ihrer Zweibeiner sind Hunde häufig etwas irritiert. Viele werden in ihren Forderungen vehementer, wenn sie nicht sofort das bekommen, was sie gerne hätten. Wenn Sie also ignoranter werden, tritt häufig eine „Erstverschlimmerung" im Hundeverhalten auf. Und zwar nicht, weil der Hund unter temporärer Ignoranz leidet, sondern weil er gewohnt ist, etwas zu bekommen. Erreicht der Hund mit seinen Aktivitäten aber nichts, wird er auch zur Ruhe kommen. Ganz wichtig ist mir, Folgendes klarzustellen: Hunde sollen nicht prinzipiell und über einen langen Zeitraum ignoriert werden. Hunde sind soziale Rudelwesen, die Aufmerksamkeit und Fürsorge für ihr Seelenheil benötigen. Diese sollen sie auch bekommen – aber im richtigen Moment. Es verhält sich also genau so wie bei den Übungen zur Leinenführigkeit: Abwartendes und ruhiges Verhalten kann sehr gerne mit Aufmerksamkeit belohnt werden. Unerwünschtes Verhalten wird besser ignoriert (falls möglich).

UNTERWEGS MIT ZWEI HUNDEN

Gute Leinenführigkeit beginnt im Stehen. Mit einem sortierten Start funktioniert das Gehen auch gleich viel besser.

Zwei, drei oder vier Hunde an der Leine

Eine besondere Herausforderung ist das Führen von mehreren Hunden. Ganz allgemein, im Besonderen aber gerade an der Leine. Häufig herrscht bei zwei und mehr Hunden ein Leinendurcheinander, das zur gefährlichen Stolperfalle für den Hundehalter werden kann.

Damit das möglichst nicht passiert, empfehle ich, für mehr Klarheit an der Leine zu sorgen. Am leichtesten ist dies, wenn man – bei zwei Hunden – einen auf der rechten, den anderen auf der linken Seite führt. Dadurch hat man zwar keine Hand für andere Dinge frei, aber es hat einen großen Vorteil: Man kann auf jeden einzelnen Hund ganz individuell eingehen und das Training optimal gestalten. Wenn man dann auch noch zuerst mit jedem Hund einzeln trainiert, lässt der Erfolg nicht lange auf sich warten! Mir ist bewusst, dass dies mit doppeltem (Zeit-)Aufwand verbunden ist. Letztendlich wird das Ziel aber schneller erreicht, als wenn man halbherzig, überfordert oder ungenau mit mehreren Hunden gleichzeitig zu trainieren versucht.

EINZELN TRAINIEREN, DANN ZU ZWEIT
Voraussetzung für das Training mit zwei oder mehreren Hunden ist, dass jeder Hund bereits die beschriebenen Trainingsmethoden und -schritte einzeln kennengelernt hat. Wenn jeder das Prinzip verstanden hat, gelingt der Weg zur Leinenführigkeit deutlich leichter. Es wurde beschrieben, dass das „Weg-Abschneiden", der abrupte Richtungswechsel vor der Hundenase, eine deutliche Bewegungseinschränkung darstellt. Im Training kann nun ganz gezielt vorgegangen werden: Der Hund, der eher nach vorne laufen wird, kann durch einen Richtungswechsel in seine Richtung ganz gezielt korrigiert werden. Der andere Hund erfährt dadurch jedoch keine territorial beschneidende Geste.

Mit drei oder mehr Hunden ist das Gehen an lockerer Leine eine echte Herausforderung.

DREI UND MEHR HUNDE

Bei drei und mehr Hunden empfehle ich, die beiden Hunde auf einer Seite zu führen, die sich „nicht so viel zu sagen haben" bzw. deren Beziehung geklärt und ruhig ist. Ein Beispiel zur Verdeutlichung: Wenn in einem Mensch-Hund-Rudel ein zehnmonatiger, ein sechzehnmonatiger und ein fünfjähriger Hund leben, haben die beiden jüngeren Hunde vermutlich mehr Interaktionen miteinander, weil sie aufgrund des Alters ähnliche Interessen haben. Die Wahrscheinlichkeit ist also hoch, dass sie sich gegenseitig anstiften, um Blödsinn auszuhecken. Wird der sechzehnmonatige Hund beispielsweise auf der linken Seite geführt und die anderen beiden auf der rechten Seite, sorgt man für ein bisschen mehr Ruhe im Team. Der zehnmonatige Hund hat im besten Fall Respekt vor dem Fünfjährigen und weiß sich in dessen Anwesenheit zu beneh-

men. Durch diese einfache Strategie erhöht man die Chancen auf ein gelungenes Training erheblich. In anderen Rudeln spielt möglicherweise weniger das Alter eine Rolle, sondern das Geschlecht der Hunde. Hier wäre es denkbar, die Hündinnen auf einer Seite und die Rüden auf der anderen Seite zu führen. Sie kennen Ihre Pappenheimer am besten und können gut entscheiden, in welcher Konstellation das Training am erfolgreichsten sein wird. Im Zweifelsfall probieren Sie einfach verschiedene Konstellationen aus!
Selbst wenn es das Ziel ist, drei und mehr Hunde an der Leine zu führen, würde ich immer mit zweien beginnen. Gerne auch in jeder Kombination! Bei Bello, Pluto und Struppi wird also mit Bello und Pluto trainiert, aber auch mit Bello und Struppi und zu guter Letzt auch mit Struppi und Pluto. Klappt es mit zweien, kann auch der Dritte dazu genommen werden.

Mit Hilfsperson

Wer sehr aktive und impulsive Hunde hat und aus Angst oder Vorsicht zögert, mit beiden (oder mehreren) Hunden gleichzeitig spazieren zu gehen, sollte vorübergehend eine Hilfsperson mitnehmen. Auf diese Weise ist eine langsame Annäherung möglich. Jede Person führt einen Hund in einem gewissen Abstand voneinander. Je besser das klappt, desto mehr nähern sich die Mensch-Hund-Teams im Trainingsverlauf einander an, bis beide nebeneinander hergehen können. Ist dieser Trainingsstand erreicht, kann die Leine an den eigentlichen Hundehalter übergeben werden, und die Hilfsperson läuft nur noch sicherheitshalber mit. Wenn ein dritter Hund integriert werden soll, kann auch hier wieder eine Hilfsperson mitlaufen und den dritten Hund für das Leinentraining vorübergehend übernehmen. Nehmen Sie sich Zeit für dieses Projekt.

JEDEM SEINE LEINE

Im Idealfall hat jeder Hund seine eigene Leine. Die Hunde sollen die Möglichkeit haben, sich etwas zurückfallen zu lassen oder auszuweichen – ohne dabei von einem anderen beeinflusst zu werden. Sind zwei Hunde mit einem extra Stück Leine an den Halsbändern miteinander verbunden, fehlt die oft nötige Individualdistanz. Die Hunde stören sich, weil zum Beispiel einer eine andere Gangart wählt als der andere. Das kann zu Frust und letztendlich zu Streit im Rudel führen.

DA WILL ICH HIN!

Dieser Hund hat etwas Spannendes entdeckt, und dort möchte er hin. Das Objekt der Begierde kann dabei vielfältig sein: andere Hunde, Menschen, Fressbares, Dynamik oder etwas zum Jagen.

Gründe fürs Ziehen

Hunde ziehen nicht aus Spaß an der Leine, von Hunden, die mit einem Brustgeschirr vor einen Wagen oder Schlitten gespannt werden, einmal abgesehen. Wieso legt sich also ein Großteil unserer Gefährten so ins Zeug, dass sie nicht einmal das Röcheln und der Druck auf den Kehlkopf davon abhalten?

Kennt man die verschiedenen Gründe, versteht man seinen Hund zum einen besser. Zum anderen hilft es, solche Situationen zu vermeiden, in denen das Ziehen (meist unbewusst) gefördert wird. Und schließlich bietet das Wissen darum die Möglichkeit, spätestens beim nächsten Hund alles (noch) besser zu machen!

ANDERES TEMPO

Jeder Hund hat sein individuelles Gang- und Lauftempo, das in der Regel schneller ist als unser Schritt. Unser Tempo ist vielen Hunden zu langsam, sie bevorzugen einen leichten Trab, bei dem wir wiederum kaum mithalten können. Kein Wunder also, dass die Leine häufiger auf Spannung kommt, als uns lieb ist. Sich unserem Tempo anzupassen, erfordert viel Konzentration – auch das sollte beim Training berücksichtigt werden.

ZIEHEN LOHNT SICH

Einer der Hauptgründe für das Ziehen ist der, dass es Erfolg gebracht hat. Hier einige Beispiele:
– Der Welpe zieht zu jedem Blümchen, Karton oder Schneemann. Und weil man als verantwortungsbewusster Halter im Kopf hat, dass er seine Welt kennenlernen soll, geht man brav hinterher und lässt ihn überall schnuppern. Und schon bringt man dem Welpen bei, dass man ihm folgt, wohin er auch geht ... Nur um keine Missverständnisse aufkommen zu lassen: Natürlich ist es wichtig, dass ein Welpe gut sozialisiert wird, also seine Umgebung kennenlernt und verschiedene Reize erkunden darf. Aber deswegen muss man sich von ihm nicht durch die Gegend ziehen lassen. Im Freilauf oder mit Schleppleine am Brustgeschirr, darf der Welpe gerne alles ausgiebig beschnüffeln, was er kennenlernen soll.

Dieser junge Hund begrüßt zwar sehr freundlich und beschwichtigend den Menschen, sollte dies aber trotzdem nicht an gespannter Leine tun.

- Ein Hund zieht zu jedem entgegenkommenden Passanten und wird von diesem auch gestreichelt oder gefüttert. Schön, einen freundlichen Hund zu haben! Aber er muss ja nicht jedem „Hallo" sagen, erst recht nicht, wenn er dafür mit voller Energie an der Leine zerrt.
- Dem Rüden wird spätestens bei der abendlichen Gassirunde auf Schritt und Tritt gefolgt, damit er an jeden Baum pinkeln kann, schließlich soll er sich entleeren. Auch hier ist der Mensch nur das Anhängsel. Auch Rüden können sich an einer Stelle „leer pinkeln", wenn sie es von Anfang an kennen.
- Der wasserliebende Hund wird hektisch, wenn er auch nur einen See, Bach oder Ähnliches erahnt. Und damit „der Arme" nicht so lange auf sein Vergnügen warten muss, wird er abgeleint, obwohl er zieht.

Wie man sieht, stehen meistens gute Absichten der Hundehalter dahinter. Selbstverständlich wollte keiner seinem Hund das Leineziehen beibringen, unbewusst hat man es aber dennoch getan. Wie kann man es also anders, besser machen? Eine Möglichkeit ist die schon beschriebene Nutzung der „Doppelbekleidung" mit Halsband und Brustgeschirr. Soll sich der Hund entfernen, um sich zu lösen oder um andere zu begrüßen, wird die Leine umgeschnallt (oder der Hund in den Freilauf entlassen), noch bevor sie unter Spannung gerät. Die Regel bleibt: An Halsband und Leine wird nicht gezogen!

STARKE ERREGUNG

Egal, ob es sich um das Ausleben des Jagdtriebs handelt oder um das „Nicht-erwarten-Können, endlich im Park mit den Hundekumpels zu

GRÜNDE FÜRS ZIEHEN

spielen", alles sind Gründe, warum Hunde an der Leine ziehen. Nachvollziehbar, dass Hunde schneller vorwärts kommen möchten, wenn sie den Kaninchenduft schon in der Nase haben, oder der Lieblingskumpel bereits im Park wartet. Je aufgeregter ein Hund ist, desto anstrengender ist er auch an der Leine. Und weil es so nervig ist, werden viele Hunde genau dann abgeleint. Verständlich, aber leider sehr kontraproduktiv, was die Leinenführigkeit und das gute Benehmen angehen. Hunde kapieren nämlich schnell, dass sie mit ihrer aufdringlichen, hektischen Art das bekommen, was sie möchten (womit wir wieder bei der schnellen Zielerreichung wären). Für braves, abwartendes Verhalten bekommen Hunde in der Regel nichts und werden oft sogar ignoriert. Ist einem das bewusst, kann man es in der Zukunft auch ändern.

1. Wasser hat für den Retriever höchste Priorität, er möchte seinem Lieblingshobby Schwimmen nachkommen.

2. Hier wird gerade eine neue Stelle geschaffen, für die sich viele andere Hunde interessieren werden.

1

2

3

Logisch, dass uns die Vierbeiner ordentlich nerven. Sinnvoller wäre es also, so lange ruhig stehen zu bleiben und zu warten, bis sich der Hund an der Leine beruhigt hat – und ein Weilchen ruhig bleibt. Dann erst wird er abgeleint. So wird dem Vierbeiner beigebracht, welches (brave) Verhalten zum Erfolg führt. Wenn ein ruhiges Abwarten in einer Situation nicht möglich erscheint, ist es hilfreich, die Distanz einige Meter zu vergrößern. Mit etwas Training wird man bald auch ruhiger in der entsprechenden Situation verweilen können.

Das Abwarten, bis sich der Hund beruhigt, gilt nicht für Hunde, die Panik haben. Bei einer Panik ist es wichtig, möglichst schnell die panikauslösende Situation zu verlassen. Sie müssen nicht befürchten, dass damit das ängstliche Verhalten des Hundes verstärkt wird. Bei einer Panik ist der Stresslevel so hoch, dass Lernen gar nicht möglich ist, es wird also auch nichts verstärkt.

VERANTWORTUNG ÜBERNEHMEN

Ein weiterer Grund, warum die Leine häufig unter Spannung steht, ist die pflichtbewusste Übernahme der Verantwortung des Hundes für das Rudel. Dabei verhält sich der Hund ähnlich wie ein Stadtführer: Er lotst seine Menschen sicher durch das Umfeld. Er geht immer voran, weist auf interessante Sehenswürdigkeiten hin (die in seinem Fall eher mit der Nase erlebt werden können) und kümmert sich darum, wenn Probleme oder Schwierigkeiten auftreten. Das heißt, dass er immer wach und präsent ein Stück vor seinem Menschen läuft – und damit die Leine auf Spannung bringt. Hunde, die sich ein bisschen wichtigtuerisch verhalten, tun dies entweder aufgrund ihrer Mentalität, oder auch, weil wir es ihnen (mal wieder) unbewusst beigebracht haben und es scheinbar von ihnen erwarten. Kleine Missverständnisse in der alltäglichen Kommunikation führen zu diesem verkehrten Weltbild, in dem der Hund sich als „Erziehungsberechtigter" fühlt, wenn er mit seinen zweibeinigen „Kindern" unterwegs ist. Im Alltag kümmern wir uns nicht (genug) um die aus Hundesicht wichtigen Dinge. Ein Beispiel:

1. Dieser Hund hat etwas Spannendes entdeckt.

2. Da die Leine nicht reicht, wird die Aussicht verbessert, um alles genau zu beobachten.

3. Anleinen als Zeichen! Dem Inlinefahrer gibt es Sicherheit, dem Hund wird gezeigt, dass man sich darum kümmert.

4. Positionen tauschen: Im Idealfall ist der Mensch näher am Objekt und der Hund an lockerer Leine daneben.

4

Hundeverhalten falsch interpretiert

Ein Hund schirmt seinen Menschen vor einem anderen Hund ab, weil er sein Frauchen oder Herrchen nicht zu nah an der vierbeinigen Konkurrenz haben möchte. Das tut er durch die sogenannte T-Stellung, die Bewegungseinschränkung, von der schon die Rede war. Der Mensch, ins Gespräch mit dem anderen Hundehalter vertieft, registriert das nicht. Er merkt nur, dass sein Hund plötzlich vor seinen Füßen steht und fängt fast automatisch an, ihn zu streicheln. Aus Hundesicht ist das Streicheln in dieser Situation also eine Bestätigung für die ausgeführte Bewegungseinschränkung und dafür, dass es gut ist, die Kontrolle über die Situation zu erlangen. Wenn man dafür ein Lob bekommt, möchte der Mensch offensichtlich,

Nicht jedes Kuscheln ist bewegungseinschränkend gemeint. Dennoch sollte man im Blick haben, wann und wie oft der Hund solche Verhaltensweisen zeigt.

dass man ihn hin und wieder „bevormundet" und abschirmt. Natürlich lernt ein Hund auch, dass das eine gute Strategie ist, um Aufmerksamkeit zu bekommen. Das bedeutet, dass Ihr Hund Ihnen nicht jedes Mal den Weg abschneiden möchte. Manchmal möchte er auch einfach nur gestreichelt werden. Der Ursprung dieser T-Stellung liegt aber meist im Abschirmen-wollen. Beobachten Sie doch einmal, wie oft und in welchen Situationen Ihr Hund vor Ihnen steht!

Da es von diesen und ähnlichen Beispielen im Alltag zwischen Mensch und Hund sehr viele gibt und der Hund ein komplexes und intelligentes Wesen ist, schließt er von einer Situation auf andere. Dementsprechend übernehmen Hunde an der Leine ganz häufig die Verantwortung und Führung von und für uns Menschen.

SCHLICHTE IGNORANZ

Aus Hundesicht gibt es da einen ganz leichten Trick: Halte die Leine auf Spannung und du spürst, dass dein Mensch noch da ist. Ergo: Um ihn muss man sich nicht mehr kümmern, man kann ihn getrost ausblenden. Gerade für passionierte Jäger oder „Kontrolljunkies" unter den Hunden ist das eine geeignete Maßnahme. Man kann wunderbar sein Ding machen, ohne Angst haben zu müssen, dass einem der Mensch verloren geht.

Nur ein kalter Po oder doch Kontrolle?

> **TIPP**
>
> Sich anzulehnen, auf den Füßen zu liegen sind nicht nur Liebesbeweise, sondern Möglichkeiten, charmant auf den Menschen aufzupassen.

»Es ist gar
nicht so leicht,
ein guter Hund
zu sein.«

— Andrew de Prisco

FRIEDLICH AN DER LEINE

DIE LEINE MACHT DEN UNTERSCHIED

Ohne Leine sind Hunde freier, sowohl im Bewegungs- als auch Entscheidungsfreiraum. An der Leine dagegen fühlen sie sich schneller gestresst – und reagieren auch so.

Warum angeleinte Hunde aggressiv reagieren

Dieses Kapitel widmet sich der Tatsache, dass einige Hunde an der Leine angespannter und aggressiver reagieren, als sie es im Freilauf tun würden. Warum ist das so? Und vor allem: Wie kann man damit umgehen und Abhilfe schaffen? Die Antworten darauf finden Sie in den folgenden Unterkapiteln.

Angeleint zu sein, ist für Hunde erst einmal ein völlig ungewohnter Zustand. Wenn ein Hund sehr sensibel ist und/oder die Leine nicht positiv kennengelernt hat, wird er sich unwohl und unsicher fühlen. Das reicht oft schon aus, dass ein Hund gestresst und im nächsten Moment auch aggressiv reagieren kann. Das kennen wir schließlich alle: Bei Stress vergisst man schon mal seine guten Manieren und wird schneller unfreundlich oder „fuchtelig", als es unter normalen Umständen der Fall wäre. Stress spielt bei der Leinenaggression also eine entscheidende Rolle.

STRESS AN DER LEINE

Gründe, warum sich Hunde an der Leine gestresst fühlen, gibt es gleich mehrere: Da wäre zunächst die schon erwähnte Unvertrautheit mit dem Angeleintsein. Vielleicht hat ein Hund aber auch schlechte Erfahrungen an der Leine gemacht, die er mit dem Angeleintsein verknüpft und deshalb angespannt ist. Oder er fühlt sich verunsichert, weil er sich „gefesselt" fühlt und somit nicht adäquat auf Umweltreize reagieren kann. Denn grundsätzliche Instinkte wie das Weglaufen bei Gefahr werden durch die Leine verhindert. Ein angeleinter Hund ist auch in seinen Kommunikationsmöglichkeiten eingeschränkt. Er kann sich im Zweifelsfall nicht deutlich genug unterwerfen, er kann nicht für die nötige Individualdistanz sorgen, er kann aber auch nicht angespannte Situationen in ein Rennspiel umlenken, wie er es im Freilauf vielleicht tun würde. All diese verwehrten Möglichkeiten lassen Spannung und Stress aufkommen, der früher oder später abgelassen werden muss.

> **TIPP**
>
> Einschätzen: Wie wirkt der entgegenkommende Hund? Freundlich, neugierig oder aggressiv? Passen Sie Ihr Verhalten daraufhin an.

Flucht nach vorn

Manchmal bringt auch der Hundehalter seinen Hund in eine Situation, in der dieser nur noch mit „der Flucht nach vorne" reagieren kann. Ein Beispiel: Zwei Menschen kommen sich mit ihren jeweils angeleinten Hunden auf einem Weg entgegen. Der eine Hund fixiert aus größerer Distanz und zeigt damit Drohverhalten. Der Halter des zweiten Hundes bemerkt dies entweder nicht oder denkt sich, dass nichts passieren kann, denn der Hund ist ja angeleint. Dies ändert allerdings an der gezeigten Drohung nichts! Und anstatt auszuweichen oder einen Bogen zu laufen, geht der Mensch weiterhin frontal auf den drohenden Hund zu. Fast, als ob man Ärger provozieren wollte. Für manche Hunde eine unhaltbare Situation, mit der sie nicht anders umgehen können, als zuerst mit „großer Klappe" zu reagieren. Frei nach dem Motto: Bevor der mir blöd kommt, sage ich ihm lieber gleich Bescheid.

1

Territorium und Stimmungsübertragung

Natürlich spielen auch sexuelle oder territoriale Komponenten eine Rolle. Rüden reagieren zum Beispiel unwirsch auf Konkurrenz, besonders wenn eine Hündin in der Nachbarschaft läufig ist. Durch die Leine scheint eine souveräne Lösung jedenfalls nicht möglich zu sein. Sicherlich auch dadurch bedingt, dass der Hundehalter in unmittelbarer Nähe ist. Es wurde bereits beschrieben, dass sich Hunde an der Leine oft verantwortlich fühlen und entsprechend reagieren. Es kommt bei einer Aggression jedoch meist noch ein weiterer Punkt hinzu: Auch der Mensch ist angespannt und scheint diesen emotionalen Zustand durch die Leine auf den Hund zu übertragen.

Menschen riechen anders, wenn sie in Stress geraten. Das nehmen Hunde mit ihrer leistungsfähigen Nase natürlich sofort wahr. Meistens wird aber auch die Leine deutlich verkürzt, was für den Hund schnell ein weiteres Indiz ist, dass Ärger bevorsteht. Das Gemeine ist, dass auch ein noch so bemühter Hundehalter nicht einfach einen Schalter umlegen kann und von jetzt auf gleich entspannt in Hundebegegnungen gehen kann. Das wäre zu schön. Gegen die Anspannung ist man also erst einmal machtlos. Möglich ist es jedoch, anders mit diesen Situationen umzugehen und dadurch sicherer im Umgang zu werden – bis Schweißausbrüche nicht mehr notwendig sind.

2

1. Häufig reagieren Menschen zu spät.

2. Erst nachdem der Hund nach vorn geschossen ist, wird er zurückgezogen. Man kann viel früher ansetzen!

»Freude an einem Hund haben Sie erst, wenn Sie nicht versuchen, aus ihm einen halben Mensch zu machen. Ziehen Sie stattdessen doch einmal die Möglichkeit in Betracht, selbst zu einem halben Hund zu werden.«

Edward Hoagland

Erste Hilfe bei unerwarteten Begegnungen

Was tun, wenn man plötzlich vor einem Hund steht, den der eigene Hund leider nicht so toll findet? Jetzt bleibt nur wenig Reaktionszeit bei begrenzten Möglichkeiten. Ein paar „Umgangsversuche" habe ich für Sie zusammengefasst.

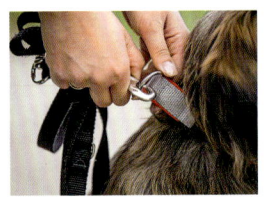

Seinen Hund kurz anzuleinen, wenn man einem angeleinten Hund begegnet, sollte eine Selbstverständlichkeit sein.

HUNDEHALTER BITTEN, IHREN HUND ANZULEINEN

Bitten Sie den Halter des anderen Hundes, diesen anzuleinen. Was eigentlich eine Selbstverständlichkeit sein sollte, wird häufig zu einer Diskussion und resultiert in Ärger. Ich verstehe nicht, warum man seinen Hund nicht mal eben kurz zu sich rufen (und anleinen) kann, wenn einem jemand mit einem angeleinten Hund begegnet. Es wird einen Grund geben, warum der andere Hund angeleint ist! Außerdem lässt sich immer noch in einem zweiten Schritt klären, ob die beiden Hunde miteinander Kontakt haben dürfen oder zusammen in den Freilauf können – oder eben nicht. Stattdessen muss man sich die unverschämtesten Kommentare anhören: Man würde seinen Hund nicht sozialisieren, deswegen sei er so aggressiv. Der eigene Hund wolle doch nur mal Hallo sagen und sei ganz freundlich. Interessanterweise hört man das auch oft in Gebieten, in denen offiziell eine Leinenpflicht herrscht – man muss sich für den angeleinten Hund also gar nicht rechtfertigen.
Schade, dass Hundehalter untereinander so wenig Rücksicht nehmen. Mit einem problematischen Tier muss man einerseits natürlich nicht angeleint über eine ausgewie-

2

sene Freilaufwiese gehen. Andererseits gilt bei der Begegnung mit einem angeleinten Hund erst einmal abzuklären, ob Hundekontakt erwünscht ist. Eigentlich ist es doch ganz einfach!

Begegnungen an der Leine?

Ich persönlich bin sowieso kein Freund von Hundebegegnungen an der Leine. Hunde benötigen an der Leine in der Regel mehr Raum, als ihnen zur Verfügung steht. Nehmen wir an, die Hunde finden sich ganz toll und fangen an miteinander zu spielen. Richtig gut geht das an der Leine nicht. Zu schnell hat man ein Kuddelmuddel, die Hunde und/oder die dazugehörigen Menschen sind gefesselt und im ungünstigsten Fall verletzt sich einer der Beteiligten. Verträgliche Hunde kann man also direkt frei laufen lassen. Nehmen wir aber an, die beiden Hunde mögen sich nicht, dann können sie nicht ausreichend Abstand zueinander einnehmen, nicht in vollem Umfang kommunizieren und eine ohnehin angespannte Situation eskaliert dann. Davon hat keiner etwas. Selbst wenn nichts passiert, werden die Hunde darin bestätigt, die Leine auf Spannung zu bringen. Wie man es dreht und wendet, eine blöde Situation.

1. Vorsichtiges Beschnüffeln an der Schnauze …

2. … dann folgt Analwittern. Nicht immer verlaufen Begegnungen an der Leine so entspannt und unkompliziert ab.

DISTANZ VERGRÖSSERN

Da Aggression fast immer dazu führen soll, Abstand herzustellen, ist es wichtig, genau das zu versuchen. Nur wer etwas Distanz hat, kann sich – vereinfacht gesagt – besinnen und fragen, ob so viel Aufregung tatsächlich nötig ist. Ist der aggressionsauslösende Reiz dagegen noch in unmittelbarer Nähe und der Hund dadurch auf hundertachtzig, wird Lernen nicht möglich sein. Das Adrenalin im Körper verhindert es regelrecht.

Mit ein bisschen Abstand schafft es der Hund viel leichter, sich zu beruhigen und man kann etwas entspannter aus der Situation gehen. Ein Etappenziel auf dem Trainingsweg ist es zu erreichen, dass ein Hund an lockerer Leine neben seinem Menschen stehen und den Reiz ertragen kann, ohne auszuflippen. Das geht nicht, wenn sich die Hunde Nase an Nase anbellen. Also erst einmal raus aus der Situation bzw. deutlich mehr Abstand erreichen. Dann kann man sich die Situation zu Nutze machen und einen Trainingspart anschließen (siehe Seite 86).

ABLENKEN UND UMLENKEN

Eine beliebte Strategie ist es, den Hund mit Leckerchen oder dem Lieblingsball abzulenken. Bei dieser Strategie muss man allerdings aufpassen, das richtige Timing zu erwischen. Hat der eigene Hund nämlich den „Feind" nicht nur gesehen und erkannt, sondern zeigt bereits Drohverhalten, kann die Gabe von Futter oder Ball bzw. die freundliche Ansprache den Hund für das unmittelbar davor gezeigte Drohen bestätigen. Der Hund denkt also, dass das Drohen dazugehört, um die Aufmerksamkeit zu bekommen. Folglich wird er häufiger oder schneller drohen, wenn ihm die Belohnung wichtig ist. Der theoretisch gute Gedanke führt also eher zu einer Verschlimmerung des Verhaltens.

Beim Ablenken mit Futter oder Spielzeug muss das Timing stimmen.

Manchmal gar nicht so leicht zu erkennen, wann ein Hund guckt und wann er droht. Dieser zeigt aufmerksames Interesse.

Mit etwas Begehrtem abzulenken macht also nur so lange Sinn, wie der Hund den anderen noch nicht bedroht. Vom Registrieren des anderen Hundes bis zu einer impulsiven Reaktion vergeht manchmal nur ein Bruchteil einer Sekunde. Dementsprechend schnell muss der Hundehalter reagieren, sonst ist die Chance vertan. Durch ständiges, frühzeitiges Ablenken trainiert man schwierige Begegnungen zwar nicht, aber man macht sie auch nicht schlimmer. Und das ist schließlich auch schon etwas!

AUGEN ZU UND DURCH

Ich würde es mir anders wünschen, aber manchmal gibt es einfach Momente, da klappt das alles nicht, was man sich theoretisch zurechtgelegt hatte. Nichts zum Ablenken parat, enge Straße, Hände voll, und der Hund regt sich zu allem Übel auch noch mehr auf als sonst. Jetzt noch adäquat und richtig zu reagieren, ist fast ein Ding der Unmöglichkeit. Manchmal hilft also nichts anderes als festhalten, so gut es geht, und hoffen, dass sich die Lage schnell wieder entspannt. Im Nachhinein kann man alles noch einmal Revue passieren lassen und überlegen, ob man irgendwelche Schlüsse für die Zukunft daraus ziehen kann. Hätte man es anders regeln können? Hätte man vorbereiteter sein können?

FRÜH DRAN SEIN!
Noch ist die Leine locker! Eine Ermahnung zum jetzigen Zeitpunkt kommt noch an und kann dazu führen, dass Aggressionsstufen gar nicht erst gezeigt werden.

Training bei Leinenaggression

Am liebsten hätte man das „Aggressionsthema" schnell und einfach gelöst. Und in der Tat reichen manchmal schon kleine Trainingsschritte aus, um eine Verbesserung zu erreichen. Aber leider nicht immer.

Trainingswege und -methoden gibt es in Hülle und Fülle. Ich möchte Ihnen einen Trainingsansatz veranschaulichen und erklären, warum ich nicht unbedingt ein Freund von vermeintlich schnellen Lösungen bin. Natürlich habe ich überhaupt nichts dagegen, wenn ein Anliegen zwischen Hund und Halter schnell geklärt wird. Geschieht dies aus Hundesicht jedoch aufgrund einer Angstmotivation, habe ich allerdings Einwände!

SO BITTE NICHT!

Häufig höre ich von Trainingsmethoden, bei denen der Hund davon abgehalten wurde, aggressives Verhalten zu zeigen, indem er dabei mehr oder weniger massiv gestört wurde. Sei es der Spritzer aus der Wasserflasche, der den Hund erschreckt hat, ein kräftiger Ruck an der Leine, bis hin zu einem Halsband mit Sprühimpulsgeräten. Dem Hund wird also „beigebracht", dass auf sein Bellen, Knurren und In-die-Leine-Springen solch ein Donnerwetter folgt, dass er es aus Angst vor diesem besser sein lässt. Vermeintlich schnell wurde ein Trainingserfolg erzielt. Bleibt das der einzige Trainingsansatz, ist das unfair und zu kurz gedacht. Denn das Problem des Hundes wurde überhaupt nicht gelöst, sondern mit einem anderen überlagert. Hunde haben schließlich auch keinen Spaß daran, sich an der Leine wie ein Berserker aufzuführen. Aus irgendeinem Grund tun sie es aber trotzdem.

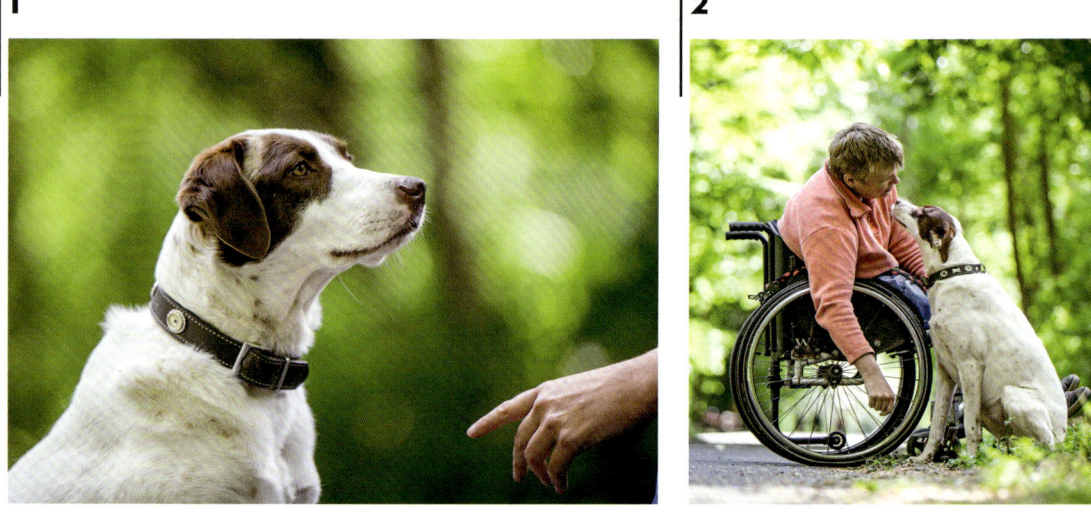

1. Hunde reagieren gut auf körpersprachliche Signale.
2. Aufmerksamkeit ist die Voraussetzung, dass sich ein Hund durch Gesten lenken und führen lässt.

DER MENSCH TRÄGT DIE VERANTWORTUNG

Sinnvoller ist es also zu überlegen, wo das Problem des Hundes liegt, dann dort Abhilfe zu schaffen und dem Hund zu „erklären", dass er sich in solchen Situationen nicht mehr verantwortlich fühlen muss, da der Mensch den Job übernimmt. Nach einer Trainings- und Übungsphase tritt dann in der Regel Entspannung im Mensch-Hund-Team ein. Sollte es dann trotz dieser (Vor-)Arbeit weiterhin zu Zwischenfällen kommen, ist auch gegen eine angemessene, wohl überlegte und „soziale Korrektur" nichts einzuwenden. Damit meine ich, dass der Hund weiß, wer sauer ist und warum! Das bedeutet, dass der Hund die Verhaltenskorrektur zuordnen können muss. Wenn „aus dem Nichts" Disc-Scheiben mit einem furchtbaren Krach an den Hundepfoten landen, kann dies eine traumatische Situation sein. Im schlimmsten Fall wird der Hund komplett verunsichert und traut sich kaum noch nach draußen. Oder er hat den Krach nicht mit seiner Leinenaggression verknüpft, sondern mit dem spielenden Kind, das sich zufälligerweise gerade in der Nähe aufgehalten hat. Von nun an zeigt der Hund vielleicht Meideverhalten bei Kindern.

Angemessen korrigieren

Selbstverständlich hängt die Reaktion auf eine Korrektur stark von der Sensibilität des Hundes ab. Doch Vorsicht: Auch wenn der Hund recht hartgesotten erscheint, kann er wie ein Angsthäschen auf eine Korrektur reagieren. Das offensichtliche Temperament ist also kein zuverlässiger Anhaltspunkt für den Grad der Korrektur! Wie gesagt, meiner Meinung nach soll der Hund wissen, dass sein Mensch wegen des Theaters an der Leine sauer ist. Die Korrektur muss vom Hund also mit den Handlungen seines Menschen verknüpfbar sein. Die klassischen „sozialen Korrekturen" sind der Schnauzgriff und der Nackenstoß, auf sie wird später noch eingegangen.

GANZHEITLICHE HERANGEHENSWEISE

Besonders effektiv gestaltet sich der Trainingsweg, wenn er möglichst umfassend gestaltet wird. Häufig wird lediglich in schwierigen Situationen geübt, ganz nach dem Motto: „Irgendwann muss er das doch begreifen!" Genau das sind in der Regel aber Situationen, in denen der Adrenalinspiegel des Hundes so hoch ist, dass Lernen gar nicht möglich ist. Abgesehen davon versteht Ihr Hund vielleicht auch nicht, warum er sich nicht so verhalten soll, wie er es tut – vielleicht weil Sie ihm unbewusst diese Rolle übertragen haben oder sich aus seiner Sicht nicht gut (genug) um die Situation kümmern. Neben dem praktischen Training ist also ein Abklopfen der alltäglichen Strukturen und Verhaltensmuster sowohl des Hundes als auch des Hundehalters wichtig und sinnvoll. Das Ganze wird also etwas universeller betrachtet.

Situationen gemeinsam meistern, das ist das Trainingsziel.

Gesund?

In manchen Fällen resultiert das aggressive Verhalten des Hundes aus körperlichen Beschwerden, Unwohlsein, Schmerzen oder auffälligen Blutwerten. Man sollte sich vor dem Trainingsstart also sicher sein, dass keine körperlichen Ursachen mit der Aggressionsproblematik zu tun haben. Ein Tierarzt, der den Hund abtastet und eine Blutuntersuchung vornimmt, kann hier wichtige Aufschlüsse geben. Auch durch eine Ernährungsberatung und -umstellung können positive Effekte erzielt werden. Entsprechende Experten helfen Ihnen gerne weiter. Ich konzentriere mich an dieser Stelle auf den verhaltenstherapeutischen Ansatz.

TRAINING IN RUHIGEN SITUATIONEN

Einige Dinge kann und sollte man bereits vor dem praktischen Training in der schwierigen Situation tun:

Wer bewegt wen?

Überprüfen Sie Ihr Verhalten gegenüber Ihrem Hund unter dem Aspekt „Wer bewegt wen?". Wer übernimmt den agierenden Part in Ihrer Beziehung? Wer ist der Initiator von Aktivitäten? Den Großteil der Entscheidungen trifft in der Regel der Hund: Er guckt lieb, schon wird mit ihm gesprochen. Er bringt den Ball zum Sofa, also wird mit ihm gespielt. Der Hund merkt in seinem „leichten und langweili-

1. Training in einer leichten Situation
2. Nichts lenkt den jungen Hund ab.
3. Auch Kuscheleinheiten kann er hier problemlos genießen.

gen Umfeld Zuhause" jedoch, dass er die Hosen an hat. Für ihn ist es unerklärlich, dass Sie nun draußen das Sagen haben wollen, während Sie in den eigenen vier Wänden kaum eine klare Entscheidung treffen. Ich übertreibe bewusst ein wenig, um es zu verdeutlichen! Drehen Sie den Spieß einmal um. Mit der Zeit wird Ihr Hund Ihnen auch draußen ein gewisses Mitspracherecht zugestehen.

Ranking erstellen

Erstellen Sie eine Liste von ganz leichten bis hin zu ganz schwierigen Situationen, denen Sie mit Ihrem angeleinten Hund im Alltag begegnen. Trainingstechnisch macht es Sinn, bei den ganz leichten Sachen anzufangen. So bekommen sowohl Sie als auch Ihr Hund Vertrauen und Übung und können bald auch zur nächsten Schwierigkeitsstufe übergehen.

Ruhiger Start

Der Spaziergang beginnt beim Anleinen! Bringen Sie jetzt schon Struktur und Ruhe rein.
Ein überdrehter Hund, der Sie aus der Tür zerrt und Ihnen dann kreuz und quer vor die Beine läuft, wird sich wenig auf Sie einlassen, wenn Sie später das Kommando übernehmen wollen.
Wenn Sie jedoch von Anfang an das Tempo und die Richtung bestimmen, wird Ihr Hund auch später auf Sie achten.

Etwas zu tragen, kann für einen Hund eine willkommene Aufgabe sein, auf die er seinen Fokus lenken kann, anstatt sich in eine Aggression hineinzusteigern.

Alternativverhalten anbieten

Aufgebauter Stress und Frust müssen irgendwie kompensiert werden. Wenn Ihr Hund nicht mehr an der Leine attackieren darf, was soll er stattdessen tun? Bevor er sich selbst eine Antwort auf diese Frage sucht, können Sie ihm von vornherein etwas anbieten – das Sie erst einmal außerhalb des Ernstfalles einüben sollten. Viele lassen den Hund absitzen und bleiben, bis der andere Hund vorbeigegangen ist. Es besteht aber auch die Möglichkeit, während einer Hundebegegnung in Bewegung zu bleiben und den Hund beispielsweise etwas tragen zu lassen. Der Hund muss also im Vorfeld lernen, etwas im angeleinten Zustand zu tragen. Fängt der Hund an, sich aufzuregen, kann er im wahrsten Sinne des Wortes die Zähne zusammenbeißen und dadurch seinen Frust ableiten. Vielleicht kann Ihr Hund etwas anderes besonders gut, was man in solch einer Situation nutzen könnte? Immer gilt es, leicht zu starten und die Schwierigkeit dann langsam zu steigern.

Leinenführigkeit verbessern

Tapfer und konsequent das Leinenführigkeitstraining fortsetzen. Legen Sie beispielsweise ein paar Dinge aus, die für Ihren Hund interessant sein könnten. Dann versuchen Sie mit Ihrem Hund an lockerer Leine daran vorbeizugehen und hindern Sie ihn daran (durch Ausbremsen, Weg-Abschneiden, Richtungswechsel etc.), diese Dinge anzusteuern. Je besser das klappt, desto geringer kann die Distanz zu den Gegenständen werden. Können Sie einen Meter davor stehen bleiben? Mit Ihrem Hund an lockerer Leine versteht sich? Falls nicht, „diskutieren" sie das körpersprachlich durch Abschirmübungen so lange aus, bis es klappt. Erst dann verlassen Sie die Situation. Auch wenn es sich bei den Gegenständen nicht um den Erzfeind handelt, haben Sie doch die Möglichkeit, das Abschirmverhalten einzuüben und Ihrem Hund zu erklären, dass er nicht einfach an Ihnen vorbeischießen darf, auch wenn er es gerne möchte.

Eskalationen vermeiden

Vermeiden Sie Situationen, in denen es mit großer Wahrscheinlichkeit zur Eskalation kommen wird. Das wird gezielt geübt, wenn Sie und Ihr Hund vom Trainingsstand her so weit sind oder die Umstände passen (ausreichend Zeit und Abstand beispielsweise). Dem Hund soll mittelfristig vermittelt werden, dass er ein anderes Verhalten an den Tag legen soll. Wenn er das alte, pöbelnde jedoch doch immer wieder „braucht", wird er es nicht ablegen. Deswegen kann eine Vermeidungsstrategie vorübergehend hilfreich sein. Wenn das nicht möglich ist, versuchen Sie wenigstens für ein klein wenig Distanz zu sorgen oder einen Bogen als Alternative zur frontalen Begegnung einzuleiten.

Wer den Blickkontakt seines Hundes von einem anderen weg zu sich lenken kann, hat schon viel geschafft!

Wer geht mit wem spazieren?
Theresa und Jimmy

Wer geht denn hier mit wem spazieren? Damit sich diese Frage nicht stellt, fing ich, kurz nachdem ich meinen aus Griechenland stammenden English Setter-Mix Jimmy mit 9 Monaten bekam, mit dem Leinentraining an. Das Training zeigte schon bald Erfolg, doch nur, solange kein fremder Hund in Sicht war. Tauchte ein Hund auf, war es mit der Leinenführigkeit vorbei, vergessen war all das Erlernte, Jimmy sprang mit Anlauf in die Leine und gab alles, um den vermeintlichen Feind mit vollem Einsatz zu verjagen.

Das Dummy-Angebot

Um Jimmy in diesen Situationen eine Alternative zu seinem Verhalten, dem Angriff nach vorne, zu bieten, sollte er einen Futterdummy zum Tragen angeboten bekommen. Wenn er diesen ohne zu knurren und nach vorne zu springen an dem anderen Hund vorbeigetragen hat, würde er ein Leckerli zur Belohnung daraus bekommen.
Den Dummy kannte Jimmy bereits aus dem Training. Im ersten Schritt übten wir nun das Tragen des Dummys in Verbindung mit der Leinenführigkeit; Jimmy bekam ihn in die Schnauze, während er leinenführig neben mir herging. Wenn er ihn „Aus" gab, bekam er ein Leckerli als Belohnung.
Nach einigen Tagen Training bekam Jimmy den Futterdummy nun auch, wenn ihm ein anderer Hund auf der Straße entgegenkam. Dadurch richtete sich Jimmys Aufmerksamkeit auf den Futterdummy und somit weg von dem anderen Hund. Gleichzeitig bekam er ein alternatives Verhalten angeboten.

Andere Hunde

Nach wie vor stellen fremde Hunde für Jimmy eine große Herausforderung dar, besonders dann, wenn es auf der Straße keinen Platz zum Ausweichen gibt und sie ihm sehr nahe kommen. Durch das konsequente Leinentraining in Verbindung mit dem Dummy geht er mittlerweile an vielen Hunden an meiner Seite vorbei, ohne nach vorne zu springen und zu bellen. Sieht er heute einen Hund, schaut er meistens hoch und „fragt" nach dem Futterdummy. Das ist eine großartige Entwicklung für ihn.

WER GEHT MIT WEM SPAZIEREN?

TRAINING IN SCHWIERIGEN SITUATIONEN

Wie Sie sich in für Sie unerwarteten bzw. unbeabsichtigten Momenten verhalten können, wurde bereits unter „erster Hilfe" beschrieben. Hier geht es nun um das konkrete Üben von schwierigen Situationen.

- Kontrollieren Sie die Übungseinheit, so gut es geht! Beginnen Sie auf Ihrer persönlichen Schwierigkeitsskala mit dem Training bei Stufe 1 und steigern Sie langsam. Zwischendurch auch immer mal wieder in leichteren Situationen üben.
- Im Idealfall können Sie jeden Tag ein paar Minuten trainieren. Das ist besser als einmal die Woche für eine Stunde.
- Im besten Fall haben Sie kooperierende Trainingspartner, also andere Mensch-Hund-Teams, die Sie bei Ihrem Training unterstützen und bereit sind, beispielsweise mehr Distanz einzuhalten oder so lange mit dem Weitergehen zu warten, bis sich Ihr Hund beruhigt hat.
- Bringen Sie Ihren Hund auf die reizabgewandte Seite. Befindet sich der „Aufregungsgrund" zu Ihrer Rechten, führen Sie Ihren Hund auf der linken Seite und umgekehrt.
- Achten Sie auf kleinste körpersprachliche Veränderungen bei Ihrem Hund. Wenn aus dem Blick ein Fixieren wird, ist es ein guter Moment, Maßnahmen zu ergreifen: Deutliches Weg-Abschneiden oder Ausbremsen,

Manchmal lässt sich ein Nach-vorne-Schießen des Hundes nicht vermeiden.

rückwärts Richtung Hund laufen, Umkreisen, kurz anhalten und abschirmen. Sprich, Sie sorgen durch Ihre körperliche Präsenz dafür, dass sich Ihr Hund nicht in die Situation hineinsteigern kann.

— Sorgen Sie für ausreichend Distanz. Ihr Hund soll den provozierenden Reiz wahrnehmen, aber nicht völlig durchdrehen. An dieser Grenze üben Sie, bis sich Ihr Hund etwas entspannt hat. Erst dann verlassen Sie das Übungsfeld.

— „Üben" bedeutet entweder, den Hund im Stehen vor dem Reiz abzuschirmen, bis er von sich aus die lockere Leine beibehalten kann. Ihr Hund soll die Situation also aushalten. Oder Sie bewältigen alles in Bewegung, indem Sie sich der vielen kleinen körpersprachlichen Übungen bedienen, die in diesem Buch beschrieben wurden.

— Ergänzt werden können die Übungseinheiten durch das Anbieten des eintrainierten Alternativverhaltens, wenn der Hund dafür zugänglich ist.

1. Durch etwas mehr Distanz schafft es dieser Hund, den anderen auszuhalten, ohne zu pöbeln.

2. Sobald er streng schaut, wird sein Blickkontakt durch einen Richtungswechsel unterbrochen.

3. Erst in etwas entspannterem Zustand wird die Situation verlassen.

1. Auf den Schnauzgriff folgt beschwichtigendes Ohrenanlegen.

2. Frühzeitig wird das Vorpreschen des Hundes durch ein In-den-Weg-Stellen verhindert.

3. Welche Entscheidung wird der Hund treffen? Pöbeln oder sich abwenden und seinem Menschen folgen?

WANN KORRIGIEREN?

Streng genommen ist jedes Wegabschneiden schon eine kleine Korrektur, weil der Hund davon abgehalten wird, das für uns unerwünschte Verhalten zu zeigen. Wenn man sich strikt an den Trainingsplan hält und die Möglichkeit hatte, „gute", also geplante und kontrollierte Übungseinheiten zu absolvieren, sollte nach zwei bis drei Wochen eine Besserung bemerkbar sein. Dann gilt es, den neuen Umgangston zu festigen. Wenn man nach einigen Wochen Training ohne Rückschläge jedoch merkt, dass sich der Hund von den Bemühungen wenig beeindruckt zeigt und trotzdem in die Leine springt, ist eine Korrektur durchaus angemessen. Ein Schnauzgriff, also das Greifen über den Fang des Hundes, bietet sich jedoch nur bei statischen Situationen an. Wenn der Hund zum Beispiel ruhig stehend fixiert. Dann kann man zielgerichtet seine Hand platzieren und die Aktion mit einer drohenden Körperhaltung unterstützen: Der Oberkörper wird nach vorne

1

2

gebeugt, man macht den Hals möglichst lang und schaut seinen Hund intensiv an.

Nackenstoß

Sobald der Hund in Bewegung ist, ist es schwierig, die Hundeschnauze einzufangen. Sobald ein bisschen Dynamik im Spiel ist, bietet sich der sogenannte Nackenstoß an. Ein kurzes und schnelles Vorstoßen oder Stupsen im Hals-, Nacken- bzw. Schulterbereich des Hundes. Wobei ich es mit der genauen Ortung nicht so ernst nehmen würde.

3

Wichtiger ist es, früh anzusetzen und für eine dynamische Bewegung zu sorgen. Welche Körperstelle beim Hund letztendlich getroffen wird, ist zweitrangig. Durch die Korrektur soll ein Handlungsabbruch erfolgen. Der Hund soll aus seinem Tunnelblick herausgeholt werden. Es geht auf keinen Fall darum, dem Hund Schmerzen zuzufügen. Ziel ist vielmehr, einen Überraschungseffekt zu erzeugen. Der Nackenstoß wird so früh und so schnell ausgeführt, dass der Hund irritiert zum Menschen schaut und sich fragt, was das gerade war. Genau dann hat man die Aufmerksamkeit des Hundes und kann diese beispielsweise dazu nutzen, den Hund an der Leine neu neben sich zu sortieren.

> **TIPP**
>
> Bei diesen oder anderen Korrekturformen empfehle ich die Begleitung eines professionellen Hundetrainers. Denn das Timing entscheidet häufig über Erfolg oder Misserfolg einer Aktion.

Zum Schluss

Vielleicht haben Sie vor Ihrem geistigen Auge schon alle Familienmitglieder mit Ihrem Hund üben und trainieren gesehen und sich gefragt, warum Futter und Leckerchen bisher keine wirkliche Rolle gespielt haben. Auf beide Punkte möchte ich noch kurz eingehen.

BELOHNUNGS-LECKERCHEN

Jetzt haben Sie allerhand über den Weg zum leinenführigen Hund gelesen. Nirgends stand jedoch etwas von einer Futtergabe während des aktiven Trainingsparts. Das liegt daran, dass ich beim Hundetraining so gut wie nie mit Leckerchen arbeite. Ich sehe die Beziehung zum Hund nicht als Konditionierung bzw. Dressurakt und möchte keinen Hund, der lediglich für Futter etwas tut. Davon abgesehen führt das Füttern am Bein meistens zu sehr fordernden Hunden, die einen anstupsen, weil sie das nächste Leckerchen erhalten möchten. Beziehungsaufbau funktioniert wunderbar über Erziehung, über Regeln und Strukturen, über gutes Timing und schöne Zeit, die man gemeinsam verbringt. Natürlich darf Futter auch ein Teil davon sein, aber eher als Ende einer gemeinsamen Spiel- und Beschäftigungseinheit, nach der der Hund eine große Portion direkt auf einmal fressen darf. Hier liegt für mich ein großer Unterschied zur ständigen Leckerchengabe zwischendurch.

KINDER UND LEINENFÜHRIGKEIT

Die Art des Trainings, die in diesem Buch beschrieben wurde, basiert auf „erzieherischem Verhalten". Ein Hund kann ein Störgefühl entwickeln, wenn sich (aus seiner Sicht) ein Kind plötzlich aufspielt und einen Erziehungspart übernehmen möchte – zumindest wenn der Hund älter als das Kind ist, was meistens bzw. schnell der Fall ist. So lange ein Kind nicht in der Pubertät ist, wird es von den meisten Hunden bei erzieherischen Aspekten weniger ernst genommen. Beobachten Sie also sehr genau das Verhalten Ihres Hundes, wenn Ihr Kind mit ihm üben sollte. Schwächen Sie das Training ggf. ab, indem beispielsweise nur Richtungswechsel vom Hund weg in einem ruhigen Tempo zugelassen werden sollten.

KIND UND HUND – EIN SENSIBLES THEMA

Je jünger das Kind, desto weniger ernst wird es vom Hund in der Regel genommen.
Deshalb ist gerade bei erzieherischen Eingriffen Vorsicht geboten.

SERVICE

Zum Weiterlesen

ERZIEHUNG

Blümel, Mariella: **Beste Freunde.** Beziehungsbuch für Mensch und Hund. 2017

Bruns, Sandra: **Das Hundebuch für Kids.** verstehen, erziehen, spielen. 2014

Fiedler, Anja: **Jagdverhalten verstehen, kontrollieren, ausgleichen.** Jagdlich motivierte Hunde bedürfnisgerecht führen. 2017

Führmann, Petra, Nicole Hoefs und Iris Franzke. **Das Erziehungsprogramm für Hunde.** Mit Trainingsplan für jede Übung. 2016

Löckenhoff, Ursula: **Dogwalk.** Gemeinsam unterwegs – Ideen für eine glückliche Mensch-Hund-Beziehung. 2017

Theby, Viviane: **Das Kosmos Welpenbuch.** Entwicklung und Auswahl; Eingewöhnung, Sozialisierung und Erziehung. Für einen guten Start ins Hundeleben. 2016

Toll, Claudia: **Kommt nicht, gibts nicht.** So klappt der Rückruf bei jedem Hund. 2016

VERHALTEN

Bloch, Günther, Elli H. Radinger: **Der Mensch-Hund-Code.** Selbstbewusst durch den Dschungel der Hundeszene. 2016

Bloch Günther, Elli Radinger: **Der Wolf kehrt zurück.** Mensch und Wolf in Koexistenz? Mit Tipps für Hundehalter Spaziergänger und Reiter. 2017

Bloch, Günther , Elli H. Radinger: **Wölfisch für Hundehalter.** Von Alpha, Dominanz und anderen populären Irrtümern. 2010

Esser, Johanna: **Körpersprache von Hund und Mensch.** Mimik, Körperhaltung, Bewegung. 2016

Feddersen-Petersen, Dorit: **Ausdrucksverhalten beim Hund.** Mimik und Körpersprache, Kommunikation und Verständigung. 2008

Feddersen-Petersen, Dorit: **Hundepsychologie, mit DVD.** Sozialverhalten und Wesen, Emotionen und Individualität. Mit 90 Minuten Hundefilmen auf DVD. 2013

Gansloßer, Udo, Kate Kitchenham: **Beziehung - Erziehung - Bindung.** Forschung im Dienst des Mensch-Hund-Teams. 2016

Gansloßer, Udo, Kate Kitchenham: **Forschung trifft Hund.** Neue Erkenntnisse zu Sozialverhalten, geistigen Leistungen und Ökologie. 2012

Gansloßer, Udo, Petra Krivy: **Verhaltensbiologie für Hundehalter – Das Praxisbuch.** 2011

Handelman, Barbara: **Hundeverhalten.** Mimik, Körpersprache und Verständigung, mit über 800 ausdrucksstarken Fotos. 2010

Käufer, Mechtild: **Spielverhalten bei Hunden.** Spielformen und -typen. Kommunikation und Körpersprache. 2011

Kitchenham, Kate: **Wissen Hunde, dass sie Hunde sind?** Wie Hunde denken und fühlen. 2014

Mutschler, Bettina, Rainer Wohlfarth: **Du bist mir wichtig.** Bindung in der Mensch-Hund-Beziehung. 2014

Rauth-Widmann, Brigitte: **Die Sinne des Hundes.** Wie Hunde ihre Welt wahrnehmen. 2014

Schmidt-Röger, Heike: **Was denkt mein Hund?** Hundeverhalten auf einen Blick. 2016

BESCHÄFTIGUNG

Baumann, Thomas, Ina Baumann: **ZOS – Zielobjektsuche.** Start, Suche und Anzeige. 2016

Bruns, Sandra, Anett Seidensticker: **Gassi-Training.** Erziehung und Spiele für unterwegs. 2015

Fichtlmeier, Anton: **Suchen und Apportieren.** Denksport für Hunde. 2015

Kitchenham, Kate: **Spielekiste für Hunde.** 5 Spielzeuge – 50 Spielideen. 2015

Spona, Helma: **Obedience.** Verschiedene Trainingsansätze für jede Übung. 2016

Stricker, Martina: **Mantrailing.** Schritt für Schritt vom ersten Trail bis zum realen Einsatz. 2017

Nützliche Adressen

Verband für das Deutsche Hundewesen (VDH) e. V.
Westfalendamm 17
44141 Dortmund
Telefon: +49 (0)2 31 / 5 65 00-0
E-Mail: info@vdh.de
Internet: www.vdh.de

Österreichischer Kynologenverband (ÖKV)
Siegfried Marcus-Str. 7
A-2362 Biedermannsdorf
Telefon: +43 (0)22 36 / 71 06 67
E-Mail: office@oekv.at
Internet: www.oekv.at

Schweizerische Kynologische Gesellschaft (SKG)
Brunnmattstraße 24
CH-3007 Bern
Telefon: +41 (0)31 / 3 06 62 62
Internet: www.skg.ch

Berufsverband der Hundeerzieher/innen und Verhaltensberater/innen e. V. (BHV)
Auf der Lind 3
65529 Waldems-Esch
Telefon: +49 (0) 61 92 / 9 58 11 36
E-Mail: info@hundeschulen.de
Internet: www.hundeschulen.de

Leinensache
Jeanette Przygoda
Wildenburgstr. 33
50935 Köln
Telefon: +49 (0)15 77 / 1 33 36 44
E-Mail: info@leinensache.de
Internet: www.leinensache.de

Dank

Ich danke all den Menschen und Hunden, die ich in den letzten Jahren beraten und trainieren durfte. Die unterschiedlichen Reaktions- und Verhaltensweisen, insbesondere die der Hunde, sowie die Fragen und Denkweisen der Menschen lehrten mich viel im Umgang mit der Leine.

Ganz besonders möchte ich aber denjenigen danken, die zu der Entstehung dieses Buches beigetragen haben! Allen meinen Kunden, die sich und ihren Hund für die Fotoaufnahmen zur Verfügung gestellt haben, danke für euren Einsatz! Danke Theresa, Nicole, Markus und Nico dafür, andere an euren Erfahrungen teilhaben zu lassen. Danke an den Verlag, für diese großartige Möglichkeit. Ein besonderer Dank an Sonja für unzählige Unterstützungsangebote und die konstruktive Kritik. Und vor allem ein großes Dankeschön an Nadine fürs Rücken frei halten in jeder Hinsicht, für die investierte Zeit, für ein immer offenes Ohr und für Kaffee und Schokolade zum richtigen Zeitpunkt!

Register

A

Abdrängen 56
Ableinen 58
Ablenken 86
Ablenkung 41, 52
Ablenkungsfreie Umgebung 14
Absperrpfosten 57
Aggressives Verhalten 79
Aktivitätspotenzial 11
Alternativverhalten anbieten 94
Anbinden 37
Anhalten 41
Anspringen 34
Auf die Leine stellen 37
Aufmerksamkeit 21 ff., 73
Ausbremsbewegung 41
Ausweichen 41
Autos, geparkte 56

B

Begegnungen an der Leine 77 ff.
Begegnungen, unerwartete 84 ff.
Bei Fuß 44 ff.
Beißen 34
Bewegungsanpassung 38
Bewegungseinschränkung 54, 72 f.
Bewegungsreize 46
Brustgeschirr 11, 56

D

Distanz vergrößern 86
Drohende Körperhaltung 100
Drohverhalten 80
Dummy 52

E

Einzeltraining 63
Entscheidungen treffen 60
Entspanntes Stehen 38 ff.
Entspannung 25
Erregungslage 68 f.
Erwachsene Hunde 29
Eskalationen vermeiden 95

F

Fixieren 80
Freilauf 25
Freizeitmodus 11
Fuß gehen ohne Leine 49
Futter 52

G

Gähnen 27
Ganzheitliche Herangehensweise 91
Gefahrensituation 13
Gerade Strecke zurücklegen 43
Gesundheitscheck 92

H

Halsband 11
Halt 38 f.
Handlungen initiieren 60
Handlungsabbruch 101
Hauswände 56
Hecheln 27
Hilfsperson 65

REGISTER

Hindernisse nutzen 56
Hörzeichen etablieren 44
Hund anleinen 84
Hund vorbereiten 8 ff.
Hundetrainer 101
Hundeverhalten interpretieren 72

I
Ignoranz 73
Ignorieren 37
In Zeitlupe gehen 35
In-die-Leine-Beißen 34
Individualdistanz 12, 65, 79
Individuelles Tempo 67
Interesse steigern 9

J
Junge Hunde 28

K
Kinder und Leinenführigkeit 102
Kommunikationsmöglichkeiten 79
Kooperationsbereitschaft 21
Körperliche Ursachen 92
Körpersprache des Hundes 26
Körpersprache des Menschen 38 f.
Körpersprachliche Details 26
Korrekturen 100 f.
Kratzen 27
Kuschelstunde 9

L
Leckerchen 41, 86, 102
Leine 12 f., 56
Leine fallen lassen 36
Leinenaggression 89 ff.
Leinenführigkeit verbessern 95
Leinenlänge 24
Lieblingsspielzeug 9
Loben 40 f., 46

M
Material 11 ff.
Mehrere Hunde 63 ff.
Missverständnisse 71

N
Nackenstoß 91, 101

P
Panik 70
Pausen 25
Protestverhalten 34 f.

R
Richtungswechsel 22 f., 43
Rollleine 12
Rücksichtnahme 84
Rückwärts gehen 53

S
Schnauzgriff 91, 100
Schokoladenseite 46
Seitenwechsel 44, 48
Sexuelle Komponente 81
Sich schütteln 27
Sichtzeichen etablieren 44
Signale 44
Sitzstreik 28 f.
Slalomlaufen 57
Spannung steigern 14
Spaziergang 58 f.
Spielen 9
Spielzeug 52
Stehen bleiben 58
Stimmungsübertragung 81
Stoppen 38 ff.
Straßenlaternen 56
Stress 26 f., 79

T
Tempowechsel 55
Territorial begrenzen 32 ff.
Territorium 81
Timing 47, 101
Tipps für den Alltag 56 ff.
Training bei Leinenaggression 89 ff.
Training in schwierigen Situationen 98
Training vorbereiten 6 ff.
Trainingsmodus 11
Trainingsort 11 ff.
Trainingspartner 26
T-Stellung 34, 72 f.

U
Übersprungshandlung 27
Übung 1: Aufmerksamkeit 21 ff.
Übung 2: Weh abschneiden – territorial begrenzen 32 ff.
Übung 3: Stoppen und entspanntes Stehen 38 ff.
Umgebungsreize 53
Umkreisen 54
Umweltreize 79

V
Verantwortung übernehmen 71
Verhalten des Menschen 60 f.
Verhalten umlenken 86
Verleitungen einbauen 52
Vor dem Hund abbiegen 32 f.
Vorbereitungen 8 ff.

W
Weg abschneiden 32 ff.
Welpen 28

Z
Zeigegeste 44
Ziehen, Gründe fürs 67 ff.
Züngeln 27
Zusatzelemente 53 ff.
Zwei-Meter-Leine 12
Zweite Leine 36

BILDNACHWEIS

104 Farbfotos wurden von Anna Auerbach/Kosmos für dieses Buch aufgenommen.
Weitere Farbfotos von Anna Auerbach (3; S. 16, 74, 82), Theresa Buderer (2; S. 96, 97), shutterstock (6; S. 2–3/Stephen Chung, S. 29 r./CBCK, S. 72/Javier Brosch, S. 73/Strannik_fox, S. 103/vvvita, S. 104–105/avemario), Tierfotoagentur.de (3; S. 69 r./Pfotenblitzer, S. 70 beide/N. Schick), Markus Tirok (2; S. 50, 51), Nicole Trebels (2; S. 30, 31) und Vivien Venzke/Kosmos (1; S. 34).

Zeichnungen von Karin Helmreich/Kosmos

> **Alles rund um das Thema »Hund«:**
> **kosmos-hund.de**

IMPRESSUM

Umschlaggestaltung von GRAMISCI Editorialdesign, München unter Verwendung von 5 Farbfotos von Anna Auerbach/Kosmos (U1 und Klappen) und 1 Farbfoto von Laura Herale/Kosmos

Mit 122 Farbfotos.

Alle Angaben in diesem Buch erfolgen nach bestem Wissen und Gewissen. Sorgfalt bei der Umsetzung ist indes dennoch geboten. Der Verlag und die Autorin übernehmen keinerlei Haftung für Personen-, Sach- oder Vermögensschäden, die aus der Anwendung der vorgestellten Materialien, Methoden oder Informationen entstehen könnten.

Unser gesamtes Programm finden Sie unter **kosmos.de**.
Über Neuigkeiten informieren Sie regelmäßig unsere
Newsletter, einfach anmelden unter **kosmos.de/newsletter**

Gedruckt auf chlorfrei gebleichtem Papier

© 2017, Franckh-Kosmos Verlags-GmbH & Co. KG, Stuttgart.
Alle Rechte vorbehalten
ISBN 978-3-440-15132-7
Redaktion: Alice Rieger
Gestaltungskonzept: GRAMISCI Editorialdesign, Cornelia Sekulin (München)
Gestaltung und Satz: Katrin Kleinschrot, Stuttgart
Produktion: Eva Schmidt
Druck und Bindung: Westermann Druck Zwickau GmbH, Zwickau
Printed in Germany / Imprimé en Allemagne